“互联网 + 课程思政”新形态一体化系

Visual Basic 程序设计基础实验教程

主　编　雷莉霞　吴　昊　李光宇
副主编　王　萍　熊李艳

图书在版编目（CIP）数据

Visual Basic程序设计基础实验教程 / 雷莉霞，吴昊，李光宇主编.—合肥：合肥工业大学出版社，2022.9

ISBN 978-7-5650-6017-5

Ⅰ.①V… Ⅱ.①雷… ②吴… ③李… Ⅲ.①BASIC语言—程序设计—教材 Ⅳ.①TP312.8

中国版本图书馆CIP数据核字（2022）第161843号

Visual Basic程序设计基础实验教程

VISUAL BASIC CHENGXU SHEJI JICHU SHIYAN JIAOCHENG

雷莉霞　吴　昊　李光宇　主编

责任编辑　何恩情

出版发行　合肥工业大学出版社

地　　址　（230009）合肥市屯溪路193号

网　　址　www.hfutpress.com.cn

电　　话　人文社科出版中心：0551-62903205

　　　　　营销与储运管理中心：0551-62903198

规　　格　787毫米×1092毫米　1/16

印　　张　12.75

字　　数　228千字

版　　次　2022年9月第1版

印　　次　2022年9月第1次印刷

印　　刷　廊坊市广阳区九洲印刷厂

书　　号　ISBN 978-7-5650-6017-5

定　　价　39.80元

计算机科学与技术学科的迅速发展，推动着大学计算机教育相关的课程体系、课程内容和教学方法不断更新。为了贯彻落实《教育部关于进一步深化本科教学改革全面提高教学质量的若干意见》，深入研讨和推广计算机课程的教育改革新成果，编者在和高校合作的基础上编写了《Visual Basic程序设计基础教程》和《Visual Basic程序设计基础实践教程》。本书的编写将进一步推动计算机教学改革，全面提升计算机教学质量，改进计算机教学课程体系，推动精品课程建设。

本书是《Visual Basic程序设计基础教程》配套的实验教材，Visual Basic（以下简称VB）程序设计是实践性很强的课程。因此，根据编者多年的教学经验和教学体会，本书以案例分析为主，通过实际案例讲解实例的设计步骤，力图以案例驱动的方式引导学生学习程序设计的方法。本书对每个实验都给出了完整的实验过程，并提供了完整的程序代码，希望通过本书帮助学生掌握VB程序设计的方法，提高VB程序开发的能力。

本书共11章，包括引言、VB语言基础、VB程序设计基础、选择结构程序设计、循环结构程序设计、数组、过程、界面设计、图形技术、文件、数据库应用基础。

根据“立体化”教材体系的要求，除配套教材外，编者还提供了电子教案、习题答案等教材中涉及的相关教学资源。

由于编者水平有限，编写时间仓促，书中难免有欠妥之处，恳请广大读者提出宝贵意见。

编者

2022年7月

1.1 实验

一、实验目的

（1）掌握 VB6.0 的启动与退出。
（2）熟悉 VB6.0 的集成开发环境。
（3）掌握应用程序的开发过程。
（4）熟悉对象的属性、事件和方法。

二、本实验知识点

1. 程序与程序设计语言

程序是为实现特定目标或解决特定问题而用计算机语言编写的命令序列的集合。程序由指令构成，由程序设计语言实现。

程序设计语言是用于书写计算机程序的语言。语言的基础是一组记号和一组规则。根据规则，由记号构成的记号串的总体就是语言。在程序设计语言中，这些记号串就是程序。VB 语言就是一种程序设计语言，是用来编写程序的。

从发展历程来看，程序设计语言可以分为 3 类：机器语言、汇编语言和高级语言。

2. VB 集成开发环境

VB 集成开发环境主界面包含了标题栏、菜单栏和工具栏，子窗口有窗体窗口、属性窗口、工程资源管理器窗口、代码窗口和工具箱窗口等。

3. 实现问题求解的过程

（1）分析问题。
（2）建立数学模型。
（3）算法设计。
（4）算法表示。

（5）算法实现。

（6）程序调试。

（7）整理结果。

4. 面向对象的程序设计语言

VB使用的“可视化编程”方法，是“面向对象编程”技术的简化版。在VB环境中涉及的窗体、控件、部件和菜单项等均为对象。程序员不仅可以利用控件创建对象，还可以建立自己的“控件”。

（1）对象的属性。属性是每个对象都具有的一组特征或性质，不同的对象有不同的属性。

（2）对象的事件。事件（Event）就是对象上所发生的事情。

在VB中，事件是预先定义好的、能够被对象识别的动作，如单击（Click）事件、双击（Dblclick）事件、装载（Load）事件和鼠标移动（MouseMove）事件等，不同的对象能够识别不同的事件。

（3）对象的方法。一般来说，方法就是要执行的动作。

VB方法与事件过程类似，它既可能是函数，也可能是过程，它用于完成某种特定功能而不能响应某个事件，如对象打印（Print）方法、显示窗体（Show）方法、移动（Move）方法等。每个方法完成某个功能，但其实现步骤和细节既不能被用户不到，也不能被修改，用户能做的工作就是按照约定直接调用它们。

5. 用VB开发应用程序流程

（1）建立用户界面的对象。

（2）设置对象的属性。

（3）对象事件过程及编程。

（4）调试和运行程序。

（5）保存窗体及工程。

（6）生成可执行文件。

6. VB的三种工作模式

（1）设计模式。创建应用程序的大多数工作都是在设计时完成的。当程序处于设计模式时，除可以设置断点和创建监视表达式外，不能使用其他的调试工具。

（2）运行模式。在运行模式下，用户可以查看程序的代码，但却不能改动它。当程序运行时出错或单击工具栏上的“中断”按钮，即可进入中断模式。在运行模式下，标题栏会显示“运行”。

（3）中断模式。中断模式主要进行程序调试工作。在中断模式下，运行的程序被挂起，可以查看、修改代码，还可以利用各种调试手段检查或更改某些变量或表达式的值，或者在断点附近单步执行程序，以便发现或改正错误。单击工具栏上的“结束”按钮，可以停止程序的运行，回到设计模式；单击“启动”按钮，可以继续运行程序，进入运行模式。

三、实验示例

实例 1.1 编写程序，计算圆的面积和周长。

1. 设计界面

在窗体上创建3个标签、3个文本框和2个命令按钮。设计界面如图1-1所示，设置属性见表1-1所列。

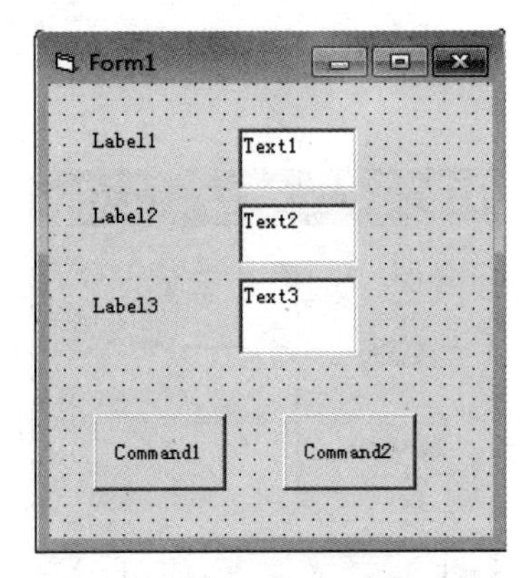

图1-1　实例1.1设计界面

表1-1　设置属性

对象名	属性	属性值
Label1	Caption	圆的半径
Label2	Caption	圆的面积
Label3	Caption	圆的周长
Text1	Text	“”
Text2	Text	“”
Text3	Text	“”
Command1	Caption	运算
Command2	Caption	清除

2. 编写代码

```
Private Sub Command1_Click()
    Dim r, mj, zl
    r = Text1.Text
    s = 3.14 * r ^ 2
    l = 2 * 3.14 * r
    Text2.Text = s
    Text3.Text = l
End Sub
Private Sub Command2_Click()
    Text1.Text = ""
```

```
    Text2.Text = ""
    Text3.Text = ""
End Sub
```

3. 运行结果

运行结果如图 1-2 所示。

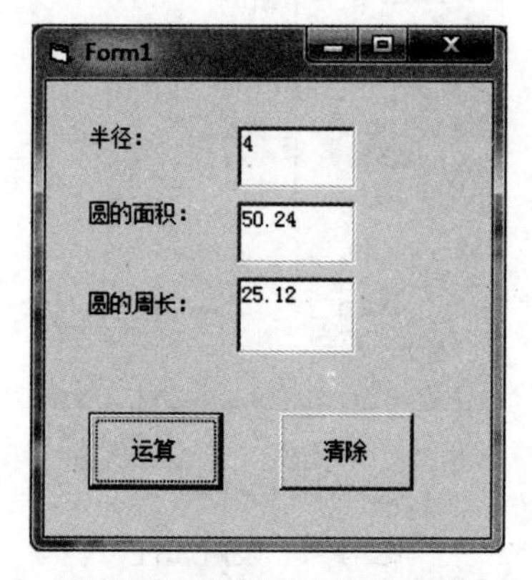

图 1-2　实例 1.1 运行结果

4. 保存窗体和工程

设计好程序后，需要保存窗体和工程。选择“文件”菜单下的“保存Form1”，系统弹出“文件另存为”对话框，选择保存路径，输入文件名后单击“保存”按钮。然后再选择“文件”菜单下的“保存工程”，打开“工程另存为”对话框，输入文件名并单击“保存”即可。

5. 生成可执行文件

（1）单击“文件”菜单下的“生成工程名.exe”菜单项。

（2）在弹出的“生成工程”对话框中选择路径，并输入可执行文件名。

（3）单击“确定”按钮，即可生成可执行文件。

实例 1.2 从一个文本框中输入文字，在另外两个文本框中显示同样的内容，但在三个文本框中显示不同的文字效果。单击“清除”按钮，清除三个文本框中的内容。

1. 设计界面

在窗体上创建三个标签用于显示提示信息，三个文本框，二个命令按钮。

设置属性见表 1-2 所列。

表 1-2　设置属性

对象名	属性	属性值
Command1	Caption	清除
Command2	Caption	结束
Label1	Caption	文字内容
Label2	Caption	16 号楷体

续表

对象名	属性	属性值
Label3	Caption	18号隶书
Text1	Text	“”
Text2	Text	“”
Text3	Text	“”

2. 编写代码

```
Private Sub Command1_Click()
    Text1.Text = ""
    Text2.Text = ""
    Text3.Text = ""
    Text1.SetFocus
End Sub
Private Sub Command2_Click()
    End
End Sub

Private Sub Form_Load()
    Text2.FontName = "楷体"
    Text2.FontSize = 16
    Text3.FontName = "隶书"
    Text3.FontSize = 18
End Sub

Private Sub Text1_Change()
    Text2.Text = Text1.Text
    Text3.Text = Text1.Text
End Sub
```

3. 运行结果

运行结果如图 1-3 所示。

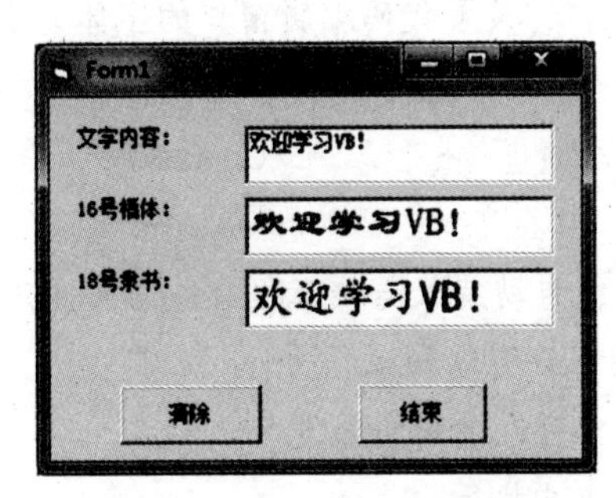

图 1-3　实例 1.2 运行结果

四、上机实验

（1）熟悉VB6.0集成开发环境，了解各窗口的作用。

（2）建立一个VB应用程序，当单击“显示内容”按钮时，文本框出现“我的第一个VB程序”文字，当单击“清除”按钮时，文本框中文字清空，当单击“结束”按钮时，结束程序，上机实验2运行效果如图1-4所示。

（3）建立一个应用程序，窗体名为“多格式显示”，以18号字、斜体、红色为前景色、黑体打印“18号斜体红色黑体”，以28号字、加粗、带下划线、绿色、隶书字体打印“28号加粗带下划线绿色隶书”，以20号字、加删除线、斜体、蓝色、宋体字打印“20号加删除线斜体蓝色宋体”。上机实验3运行效果如图1-5所示。

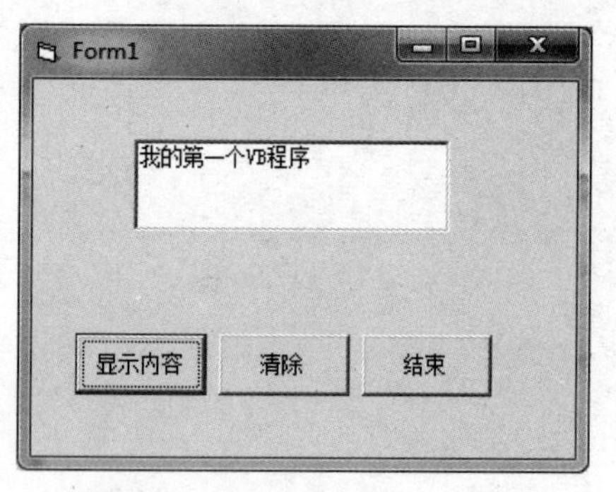

图1-4　上机实验2运行效果

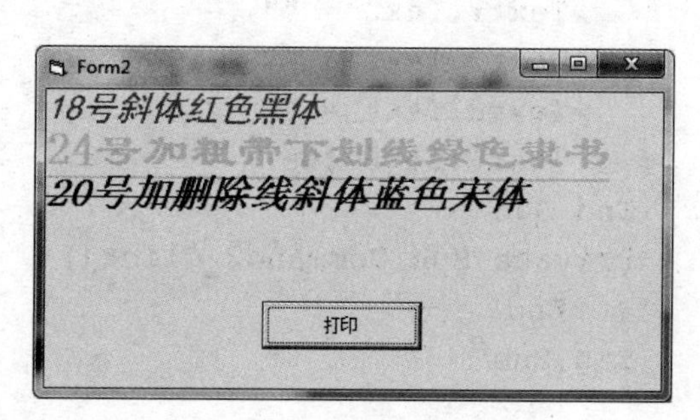

图1-5　上机实验3运行效果

1.2 习题

一、选择题

1. 下列叙述错误的是(　　)。

A. VB应用程序没有明显的开始和结束语句

B. VB控件的所有属性值均可在属性窗口中设置

C. VB是事件驱动型可视化编程工具

D. VB通过"工具"菜单的"选项"设置代码编辑窗口的字体大小

2. 标准模块文件的扩展名是(　　)。

A. .cls　　B. .frm　　C. .bas　　D. .rec

3. 下列叙述错误的是(　　)。

A. 打开一个工程文件，系统自动装入与该工程有关的文件

B. 保存VB程序时，应分别保存窗体和工程文件

C. 事件可以由用户触发，也可以由系统触发

D. VB应用程序只能以解释方式执行

4. 下列叙述错误的是(　　)。

A. VB是可视化程序设计语言

B. VB采用事件驱动编程机制

C. VB是面向过程的程序设计语言

D. VB应用程序可以按编译方式执行

5. 下列不属于对象的基本特征的是(　　)。

A. 属性　　B. 方法　　C. 事件　　D. 函数

6. 在设计模式下，双击窗体中的对象后，Visual Basic将显示的窗口是(　　)。

A. 项目(工程)窗口　　B. 工具箱　　C. 代码窗口　　D. 属性窗口

7. 下列关于设置控件属性的叙述正确的是(　　)。

A. 用户必须设置属性值

B. 所有的属性值都可以由用户随意设定

C. 属性值不必一一重新设置

D. 不同控件的属性项都完全一样

8. 以下叙述中错误的是(　　)。

A. 双击鼠标可以触发DblClick事件

B. 窗体或控件的事件名称可以由编程人员确定

C. 移动鼠标时会触发MouseMove事件

D. 控件的名称可以由编程人员设定

9. 为了清除窗体上的一个控件，下列操作正确的是(　　)。

A. 按Enter键

B. 按Esc键

C. 选择(单击)要清除的控件，然后按Del键

D. 选择(单击)要清除的控件，然后按Enter键

10. 设在名称为Myform的窗体上只有一个名称为C1的命令按钮，下面叙述中正确的是(　　)。

A. 窗体的Click事件过程的过程名是Myform_Click

B. 命令按钮的Click事件过程的过程名是C1_Click

C. 命令按钮的Click事件过程的过程名是Command1_Click

D. 上述3种过程名称都是错误的

11. Visual Basic是一种面向对象的程序设计语言，构成对象的三要素是(　　)。

A. 属性、事件、方法　　B. 控件、属性、事件

C. 窗体、控件、过程　　D. 窗体、控件、模块

12. 对象可以识别和响应的某些行为称为(　　)。

A. 属性　　B. 方法　　C. 继承　　D. 事件

13. 在VB中，最基本的对象是(　　)，它是应用程序的基石，是其他控件的容器。

A. 文本框　　B. 标签　　C. 命令按钮　　D. 窗体

14. 窗体文件的扩展名是(　　)。

A. .frx　　B. .frm　　C. .vbp　　D. .bas

15. 工程文件的扩展名是(　　)。

A. .frx　　B. .frm　　C. .vbp　　D. .bas

二、判断题

1. 所有的对象都有Caption属性。(　　)

2. 事件过程由某个用户事件或系统事件触发执行,它不能被其他过程调用。(　　)

3. VB程序的运行可以从Main过程启动,也可以从某个窗体启动。(　　)

4. VB的工具栏包括了所有的VB控件,我们不能再加载其他的控件。(　　)

5. 由VB语言编写的应用程序有解释和编译两种执行方式。(　　)

第2章 VB语言基础

2.1 语言基础

一、实验目的

（1）掌握VB语言字符集、词汇集及编码规则。

（2）掌握VB常用数据类型。

（3）掌握VB常量与变量的基本概念。

（4）掌握各种运算符及表达式的书写方式。

（5）掌握VB的标准函数应用方法。

二、本实验知识点

1. VB的字符集

VB的字符集包含以下字母、数字和专用字符。

（1）字母：大写英文字母A~Z，小写英文字母a~z。

（2）数字：0、1、2、3、4、5、6、7、8、9。

（3）专用字符：共27个。

2. VB语言词汇集

VB的词汇集主要包括用于表示标识符、关键字、界符、运算符、各类型常数等的单词。

在程序语言中，很多指令都是由具有某种特殊意义的文字组成的，这些文字就是所谓的“关键字”或称“保留字”。

标识符就是一个名称，用来表示变量、常量、函数、类型，以及控件、窗体、模块和过程等的名字。

3. 编码规则与约定

（1）在代码中，除汉字外，各字符应在英文状态下输入，字母不区分大小写。

（2）语句书写自由，在程序中一行可书写多条语句，语句之间用冒号分隔。

（3）注释有利于程序人员维护和调试代码。

（4）使用缩进反映代码的逻辑关系和嵌套关系。

4. 数据类型

VB提供了系统定义的数据类型，即基本数据类型，并允许用户根据需要定义自己的数据类型。

（1）数值型数据（Numeric）。数值型数据一般分为整型数和浮点数两类。整型数分为整数（Integer）和长整数（Long），浮点数分为单精度浮点数（Single）和双精度浮点数（Double）。有时也把货币型数据（Currency）和字节型数据（Byte）划归数值型数据。

（2）日期型数据（Date）。日期型数据按IEEE64位浮点数值存储，表示的日期从公元100年1月1日~9999年12月31日，时间范围为0：00：00~23：59：59。

（3）逻辑型数据（Boolean）。逻辑型数据只有两个值：真（True）和假（False），用2字节二进制数存储，经常用来表示逻辑判断的结果。

（4）字符型数据（string）。字符型数据是指一切可打印的字符和字符串，它是用双引号括起来的一串字符。一个西文字符占一个字节，一个汉字或全角字符占两个字节。在VB中，有两种类型字符串：变长字符串和定长字符串。变长字符串的长度不确定，而定长字符串长度是一定的。

（5）对象型（Object）。对象型数据可以用来表示应用程序中的对象。使用时先用Set语句给对象赋值，其后才能引用对象。

（6）变体（Variant）数据类型。变体型数据是一种可变的数据类型，可以存储任何系统类型的数据。如果把任何类型的数据赋予Variant变量，则不必在这些数据的类型间进行转换，VB会自动完成任何必要的转换。

5. 常量

常量是指程序运行过程中保持不变的常数、字符串等。在VB中，常量又分为普通常量、符号常量和系统常量。

（1）普通常量。根据使用的数据类型，普通常量分为：字符串常量、数值常量、布尔常量和日期常量。

（2）符号常量。

```
Const 符号常量名 [As 类型]=表达式
```

常量名在程序中只能引用，不能改变它的值。

Const语句可以设置符号常量为数字、字符串、逻辑型或时间/日期型值，例如：

```
Const PI = 3.142, t As Integer = 10, s = "wert", pp = 4 = 3
```

（3）系统常量。通过“视图”菜单的“对象浏览器”命令可以查看VB的系统常量。比较常用的系统常量还有vbCrLf，表示回车换行。

6. 变量

声明格式：Dim 变量名 [As 数据类型]

变量可以通过Dim、Static、Public、Private等语句显式地声明，也可以不经声明直接使用。对于变量的初值，系统默认数值型变量为0，字符型变量为空串，Variant类型变量为空值。

7. 运算符

运算符按优先级由高到低分别为：

（1）算术运算符：由高到低分别为：-（取负），^（幂），*或/，\，Mod，+或-。

（2）字符运算符：+或&（同级）。

（3）关系运算符：=、>、>=、<、<=、<>、Is（同级）。

（4）Like运算符：Like。

（5）逻辑运算符：由高到低分别为：Not，And，Or，Xor，Eqv，Imp。

8. 表达式

（1）当书写VB表达式时，应注意与数学中表达式写法的区别。VB表达式不能省略乘法运算符。

（2）VB表达式中所有的括号一律使用圆括号，并且括号左右必须配对。

（3）一个表达式中各运算符的运算次序由优先级决定，优先级高的先算，低的后算，优先级相同的按从左到右的顺序运算。圆括号可以改变优先级顺序，即圆括号的优先级最高。如果表达式中含有圆括号，则先计算圆括号里表达式的值；如果有多层圆括号，则先计算内层圆括号里表达式的值。

9. 函数

在VB 6.0中，为了方便用户进行操作或运算，VB将其定义为内部函数。当程序中要使用一个函数时，用户只要知道该函数的名称和使用格式，就可以方便地使用。VB 6.0常用内部函数按功能可以分为：数学函数、字符串函数、转换函数、日期函数、格式输出函数和其他函数等。

```
函数调用格式：<函数名>([参数1][,参数2]...)
```

三、实验示例

实例2.1 写出下列程序运行结果

```
Private Sub Form_Click()
a = 1: b = 3.1415926: c = 31
Print a = 1                              '判断A和1是否相等
Print Not 5 < 3 And 6 * 2 = 10 + 2
Print Int(b * 10000 + 0.5) / 10000       '精确到小数第四位，对第五位四舍五入
Print "a=" + Str(a)
Print (c Mod 10) * 10 + Int(c / 10)      '二位数进行交换
Print Format(12345.6, "000,000.00")      '格式输出语句
Print Format(12345.678, "###,###.##")    '格式输出语句
Print Date                               '显示当天日期
Print Date + 2
```

```
Print Format(Now, "yyyy年m月dd日 hh:mm")     ' 显示系统当前时间
Print Format(Date, "dddd,mmmm,dd,yyyy")
End Sub
```

单击窗体，运行结果如图 2-1 所示。

图 2-1 实例 2.1 运行结果

实例 2.2 编写一个程序，随机产生一个三位正整数，区间为[100,999]，然后将这个三位数的个位、十位、百位数求和。例如，产生的三位正整数分别为 1、2、3，则交替合并的结果为 6。

1. 设计界面

在界面上创建两个标签、两个文本框和三个命令按钮，设置属性见表 2-1 所列。程序运行后，单击"产生数"按钮，将随机产生一个三位正整数，显示在对应的文本框中；单击"累加"按钮，将完成加法，结果显示在标有"结果"的文本框中；单击"清除"按钮可清除文本框中的内容。

设计界面如图 2-2 所示。

表 2-1 设置属性

控件名	属性	属性值设置
Label1	caption	三位数
Label2	caption	结果
Command1	caption	产生数
Command2	caption	累加
Command3	caption	清除
Text1	text	""(空串)
Text2	text	""(空串)

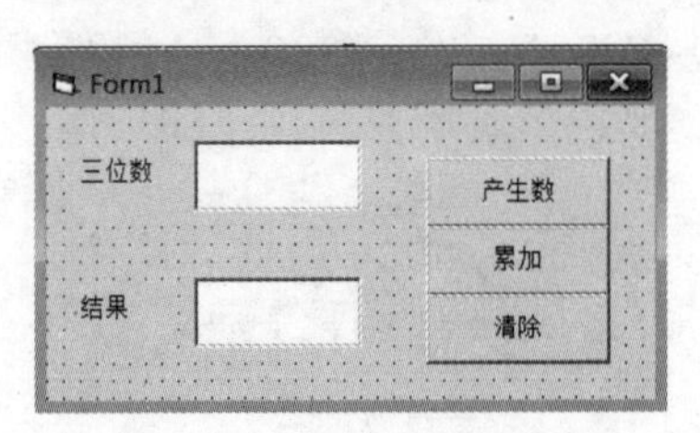

图 2-2 实例 2.2 设计界面

2. 编写代码

根据题目要求，编写代码如下：

```
Private Sub Command1_Click()
Randomize Timer                          ' 随机种子数
Text1.Text = Int(Rnd * 900 + 100)        '随机产生一个三位数
End Sub

Private Sub Command2_Click()
Form1.Cls
x = Val(Text1.Text)
x1 = x Mod 10              '个位
x2 = x \ 10 Mod 10         '十位
x3 = x \ 100               '百位
Text2.Text = x1 +x2 + x3
End Sub

Private Sub Command3_Click()
Text1.Text = ""        '清除内容
Text2.Text = ""        '清除内容
End Sub
```

3. 运行结果

保存好窗体，运行程序，单击“产生数”“累加”按钮。实例 2.2 运行结果如图 2-3 所示。

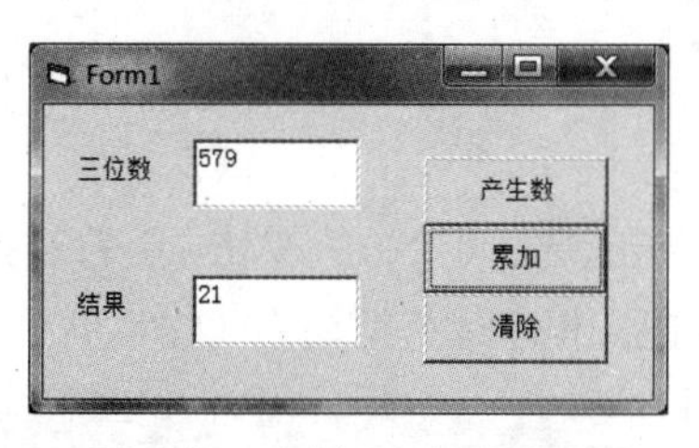

图 2-3　实例 2.2 运行结果

实例 2.3 编写一个程序，单击“生成数据”按钮随机产生两个二位正整数，单击“字符连接”按钮，在文本框中显示二字符的连接，单击“加法”按钮，在文本框中显示这两个数的和。

1. 设计界面

实例 2.3 设计界面如图 2-4 所示。我们在界面中创建三个标签、三个文本框和三个命令按钮。属性设置和上题类似，在这里省略。

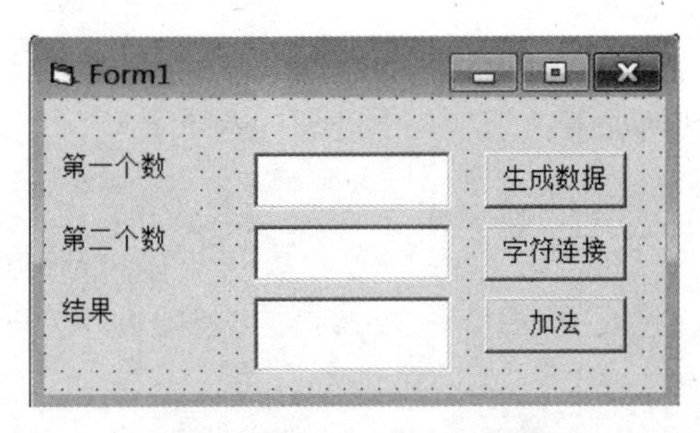

图 2-4　实例 2.3 设计界面

2. 编写代码

根据题目要求，编写代码如下：

```
Private Sub Command1_Click()
Randomize Timer                          '随机种子数
Text1.Text = Int(Rnd * 90 + 10)          '随机产生一个二位数
Text2.Text = Int(Rnd * 90 + 10)          '随机产生一个二位数
End Sub

Private Sub Command2_Click()
Text3.Text = Text1.Text + Text2.Text                 '字符连接
End Sub

Private Sub Command3_Click()
Text3.Text = Val(Text1.Text) + Val(Text2.Text) '数字相加
End Sub
```

3. 运行结果

保存好窗体，运行程序，单击产生两个数，单击“字符连接”按钮，实例 2.3 运行结果如图 2-5 所示，再单击“加法”按钮，程序运行结果为 32。

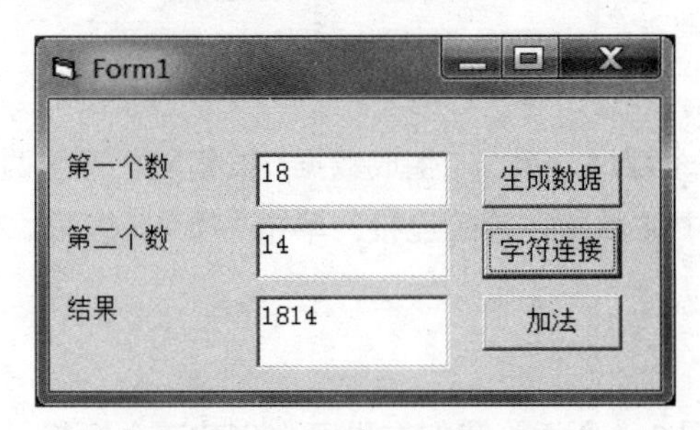

图 2-5　实例 2.3 运行结果

实例 2.4 设计一个计时秒表，要求能够显示计时开始时间、计时结束时间及所用的总计时间。

1. 设计界面

实例 2.4 设计界面如图 2-6 所示。在界面中创建三个标签、三个文本框和三个命令按钮。属性设置和例 2 类似，在这里省略。

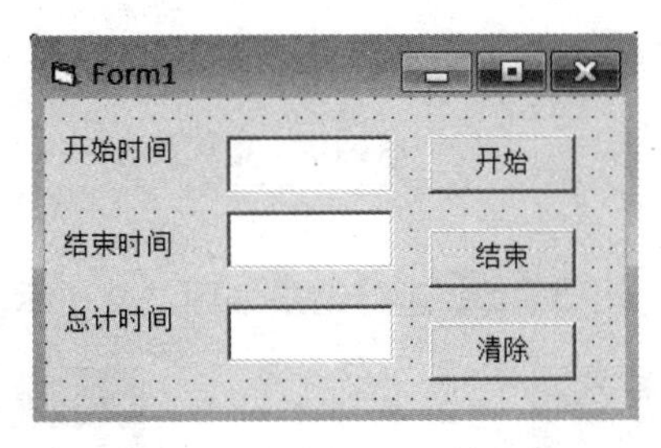

图2-6　实例2.4设计界面

2. 编写代码

根据题目要求，编写代码如下：

```
Dim a, b      '窗体级变量,保证a, b 在两个事件中都能用
Private Sub Command1_Click()
Text1 = Time
a = Text1.Text
End Sub

Private Sub Command2_Click()
Text2 = Time
b = Text2.Text
c = DateDiff("s", a, b) '相差秒数
d = c \ 3600
e = (c Mod 3600) \ 60
f = c Mod 60
Text3= Format(d, "00") & ":" & Format(e, "00") & ":" & Format(f,
"00")
End Sub
```

3. 运行结果

保存好窗体，运行程序，实例2.4运行结果如图2-7所示。

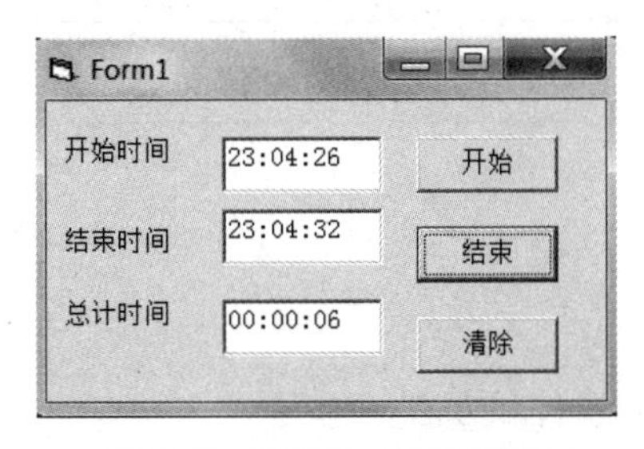

图2-7　实例2.4运行结果

四、上机实验

（1）输入半径，求圆的体积，计算结果保留两位小数。运行结果如图2-8所示。要求圆周率用符号常量来实现，保留的两位小数用Format()函数。

（2）求华氏温度F对应的摄氏温度C。计算公式如下。

$$C=\frac{5\times(F-32)}{9}$$

式中，C为摄氏温度；F为华氏温度。运行结果如图 2-9 所示。

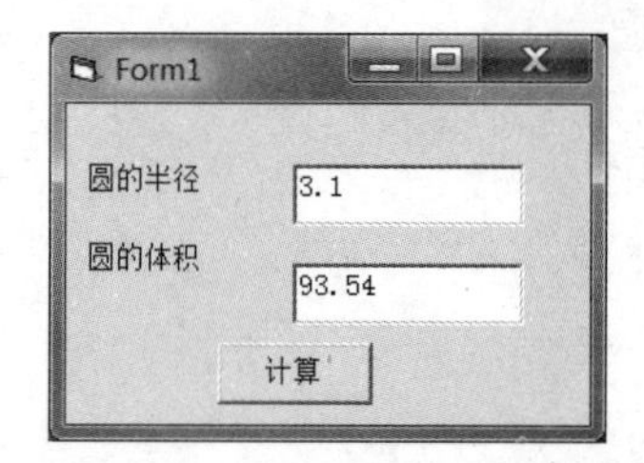

图 2-8　上机实验 1 运行界面

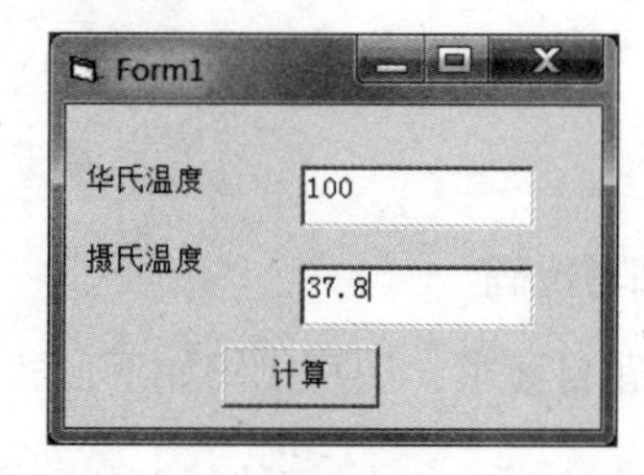

图 2-9　上机实验 2 运行界面

（3）编写一个程序，单击“生成成绩”按钮，随机产生三门课程的成绩并显示出来，单击“求平均分”按钮，计算三门课程的平均成绩并显示，显示要求保留两位小数，并在平均成绩之前按每 5 分一个“*”的频率产生星号，运行结果如图 2-10 所示。

（4）在文本框中输入英文字符串，按“转大写”按钮，字母变大写，将第一个字符转换成ASCII码，按“转小写”按钮，字母变小写，并将第一个字符转换成ASCII码，按“清除”按钮，清除文本框的内容。运行结果如图 2-11 所示。

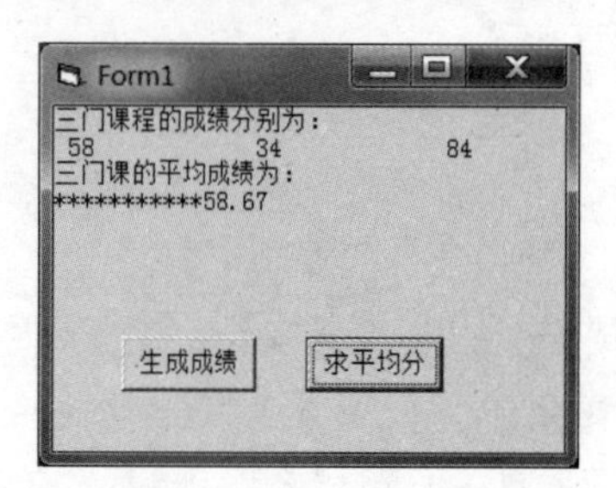

图 2-10　上机实验 3 运行界面

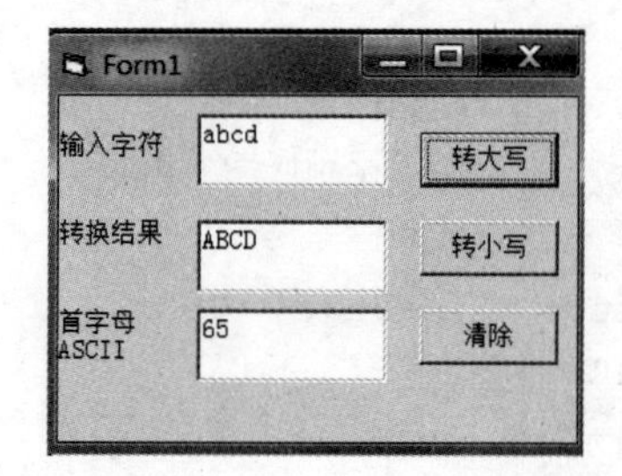

图 2-11　上机实验 4 运行界面

窗体的应用

一、实验目的

（1）掌握窗体的基本属性、事件和方法。

（2）掌握窗体的基本应用

二、本实验知识点

1. 窗体基本属性

（1）名称（Name）。“名称”是任何对象（窗体、控件）都具有的标识名，其属性的默认值为FormX（X为编号，从1，2，…依次顺延）。“名称”只具有只读属性，它只能在程序设计阶段设置，不能在运行期间改变。名称不会显示在窗体上。

（2）AutoRedraw（自动重画）。该属性决定窗体被隐藏或被另一窗口覆盖后，是否重新还原该窗体被隐藏或覆盖以前的画面，即是否重画如Circle、Line、Pset和Print等方法的输出。

语句格式为：窗体名称.AutoRedraw[=Boolean]

（3）BackColor（背景色）与ForeColor（前景色）。BackColor属性用于设置窗体的背景颜色，ForeColor属性用于设置在窗体里显示的图片或文本的颜色，即用来指定图形或文本的前景色。

（4）BorderStyle属性。BorderStyle属性用于设置窗体的边框样式，通过改变BorderStyle属性设置，可以控制窗体如何调整大小。

（5）Height（高度）、Width（宽度）、Top（顶部）与Left（左边距）属性。这四个属性决定窗体（或控件）的大小和在容器中的位置。

（6）Caption标题属性。该属性用来设置对象或标题栏上的显示内容，在外观上起到提示和标志的作用。当创建一个新窗体时，窗体的Caption标题属性值，为默认的Name属性设置值，即Form1。

（7）字型Font属性组。字体属性用来设置输出字符的各种特性，包括字体、大小等，这些属性适用于大部分控件。字体属性既可以通过属性窗口设置，又可以在程序运行中通过代码改变。字体属性的设置操作及字型等概念与使用Word的设置字体格式基本一样。

（8）Enabled（允许）（逻辑值）。每个对象都有一个Enabled属性。该属性用来激活对象或禁止使用对象，即决定对象是否可操作。当一个对象的Enabled属性设置为True（真）时，允许用户操作，并对操作出响应（默认值为True）；当一个对象的Enabled属性设置为False（假）时，控件呈暗淡色，禁止用户操作。

（9）Visible（可见）属性（逻辑值）。当一个对象的Visible属性设置为False时，程序运行时不能看见；只有当Visible属性值变为True时，才能被看见。

2. 窗体常用方法

（1）显示窗体Show方法。Show方法用于在屏幕上显示一个窗体，调用Show方法与设置窗体Visible属性为True具有相同的效果。如果要显示的窗体事先未装入，则该方法会自动将窗体先装入内存再显示。语句格式为：

```
[窗体名称.] show [模式]
```

（2）隐藏窗体。用Hide方法，可以隐藏指定的窗体，即窗体不在屏幕上显示，但该窗体仍驻留在内存。因此，语句格式为：

```
[窗体名称.] Hide
```

（3）Cls方法。Cls方法用来清除运行时在窗体或图片框中显示的文本或图形。语句格式为：

```
[窗体名称.] Cls
```

（4）Move方法。Move方法用于移动窗体或控件，并改变其大小。语句格式为：

```
[对象.]Move <左边距离>[, 上边距离[, 宽度[, 高度]]]
```

3. 窗体常用事件

（1）Load（装入）事件。Load事件常用在启动程序时，对控件属性和程序中所用变量进行初始化。

Load事件的语句格式为：

```
Load <窗体名称>
```

（2）UnLoad（卸载）事件。Unload语句的功能与Load语句相反，用于清除内存中指定的窗体。

Unload事件的语句格式为：

```
UnLoad <窗体名称>
```

注意：卸载窗体后，如果要重新装入窗体，则新装入窗体上的所有控件都被重新初始化。

（3）Click事件。Click事件是在一个对象上按下然后释放一个鼠标按钮时发生的。它也会发生在一个控件的值改变时。对一个Form对象来说，该事件是在单击一个空白区或一个无效控件时发生的。

（4）DblClick事件。对于窗体而言，当双击被禁用的控件或窗体的空白区域时，DblClick事件发生的。

（5）Activate事件。当对象窗体成为活动窗口时发生。

（6）Deactivate事件。当对象窗体成为非活动窗口时发生。当一个窗体启动（被加载）时，就发生Activate事件。

当对多个窗体操作时，即从一个窗体切换到另一个窗体，每次切换一个窗体时，就发生Activate事件，而前一个窗体发生Deactivate事件。

（7）Resize事件。当一个对象第一次显示或当一个对象的窗口状态改变时该事件发生。例如，一个窗体被最大化、最小化或被还原。此事件发生必须在ControlBox属性设置为Ture时才有效。

三、实验示例

实例 2.5 编写一个窗体的单击事件，设置窗体的背景色和字体。每单击一次窗体，看看窗体上显示的字体的变化。运行结果如图2-12所示。

图2-12 设置字体运行结果

```
Private Sub form_Click()
Form1.Cls
Form1.BackColor = RGB(0, 0, 255)    ' RGB 函数
```

```
 i = (Rnd * 16)
Form1.ForeColor = QBColor(i)
Form1.FontSize = Int(Rnd * 30 + 10)
Form1.FontBold = True
Print "visual basic 字体设置测试"
End Sub
```

在程序代码中，用了Windows运行环境的红-绿-蓝（RGB）颜色方案，使用调色板或在代码中使用RGB或QBColor函数指定标准RGB颜色。RGB函数是用来指定颜色，多数情况下用十六进制数指定颜色，分别定义了红、绿、蓝三种颜色的值。红、绿、蓝三种成分都是用0到255 (&HFF)之间的数表示。因此，可以用十六进制数按照下述语法来指定颜色,即&HBBGGRR&。

例如：将窗体Form1 的背景色设置为红色，则可使用下面四种方法：

```
Form1.BackColor = RGB(255, 0, 0)  ' RGB 函数
Form1.BackColor = &HFF&           '用十六进制数指定颜色
Form1.BackColor = QBColor(12)     ' QBColor()函数
Form1.BackColor = vbRed           'VB提供的颜色常数
QBColor函数
```

返回一个Long数据类型，用来表示所对应颜色值的RGB颜色码。语句格式为：

```
QBColor(color)
```

说明：color参数代表用于早期版本的Basic（如 Microsoft Visual Basic for MS-DOS 及 Basic Compiler）的颜色值。QBColor函数返回值指定了红、绿、蓝三原色的值，用于设置成VBA中RGB 系统的对应颜色。color参数是一个界于0到15的整型。color 参数设置见表 2-2 所列。

表 2-2　color 参数设置

值	颜色	值	颜色
0	黑色	8	灰色
1	蓝色	9	亮蓝色
2	绿色	10	亮绿色
3	青色	11	亮青色
4	红色	12	亮红色
5	洋红色	13	亮洋红色
6	黄色	14	亮黄色
7	白色	15	亮白色

除了利用RGB和Qcolor函数来设置控件的颜色，还可以使用VB自身提供的Color常数来设置控件的颜色，这些常数可以在代码中的任何地方用下列常数代替实际值，见表 2-3 所列。

表 2-3　VB 颜色常量

常数	值	描述
vbBlack	0x0	黑色
vbRed	0xFF	红色
vbGreen	0xFF00	绿色
vbYellow	0xFFFF	黄色
vbBlue	0xFF0000	蓝色
vbMagenta	0xFF00FF	紫红色
vbCyan	0xFFFF00	青色
vbWhite	0xFFFFFF	白色

实例 2.6 设置一个窗体 Form1，先加载窗体 Form1，会在窗体中央画一个圆，每单击窗体 Form1 会，也会产生一个红色的圆。多次单击窗体，观察窗体 Form1 上画的许多同心圆大小和颜色的改变。同心圆如图 2-13 所示。

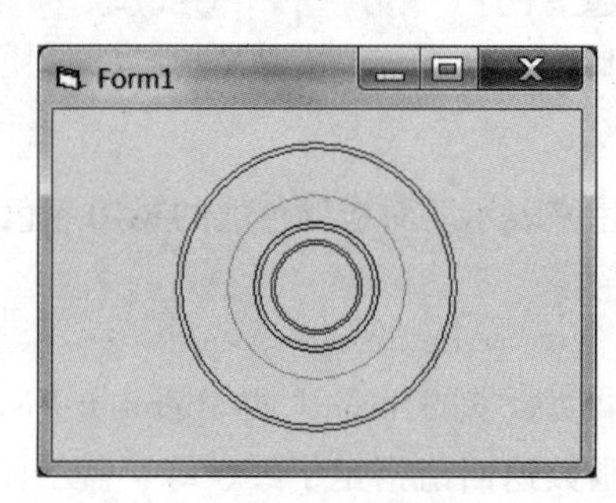

图 2-13　同心圆

程序代码如下：

```
Private Sub Form_Load()                    '在窗体中央画圆
Randomize Timer
Show
Dim x, y, r
ScaleMode = 3                              '以像素为单位
x = Form1.ScaleWidth / 2                   'x 位置
y = Form1.ScaleHeight / 2                  'y 位置
 r = 80                                    '半径
 Circle (x, y), r, RGB(255, 0, 0)
 End Sub

Private Sub Form_click()                   '窗体 1 程序
Randomize Timer
Dim  x,y,r
ScaleMode = 3                              '以像素为单位
```

```
x = Form1.ScaleWidth / 2            'X 位置
y= Form1.ScaleHeight / 2            'Y 位置
r = Int(Rnd * 100)                  '半径
 Circle (x,y), r RGB(Rnd * 255, Rnd * 255, Rnd * 255)
End Sub
```

在代码中，ScaleWidth和ScaleHeight属性返回或设置“对象”（此例题“对象”是窗体）内部的水平或垂直度量单位。ScaleMode属性返回或设置使用图形方法或调整控件位置时一个值，该值指示对象坐标的度量单位。

语句Circle (X, Y), R, RGB(Rnd * 255, Rnd * 255, Rnd * 255)中，(x, y)是必需的。Single（单精度浮点数），代表圆的中心坐标。

R是必需的。Single（单精度浮点数），代表圆的半径。

RGB(Rnd * 255, Rnd * 255, Rnd * 255)是可选的。Long长整型数代表圆的轮廓的RGB颜色。如果它被省略，则使用ForeColor属性值。可用RGB函数或QBColor函数指定颜色。

实例 2.7 运行下面程序，体会Activate事件和Deactivate事件。

首先，在工程中创建两个窗体，分别在窗体Form1和窗体Form2中输入相应的代码，如图2-14所示。

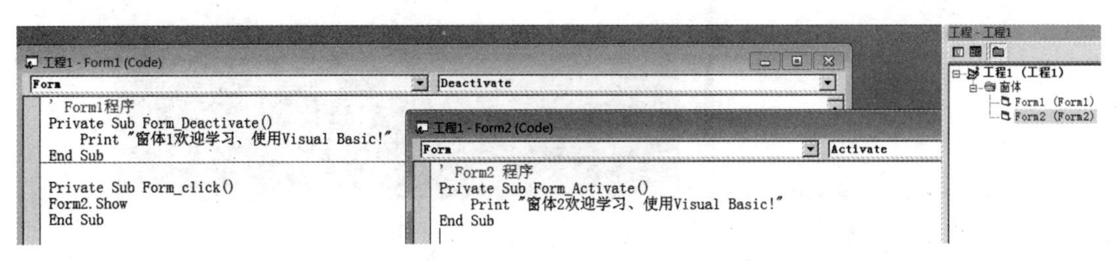

图2-14 实例2.7设计界面

```
' Form1 程序
Private Sub Form_Deactivate()
    Print "窗体 1 欢迎学习、使用Visual Basic!"
End Sub

Private Sub Form_click()
Form2.Show
End Sub

' Form2 程序
Private Sub Form_Activate()
    Print "窗体 2 欢迎学习、使用Visual Basic!"
End Sub
```

运行程序，单击窗体1，结果如图2-15所示。当一个窗体启动（被加载）时，就发生Activate事件。当对多个窗体操作时，即从一个窗体切换到另一个窗体，每次切换一个窗体时，就发生Activate事件，而前一个窗体发生Deactivate事件。

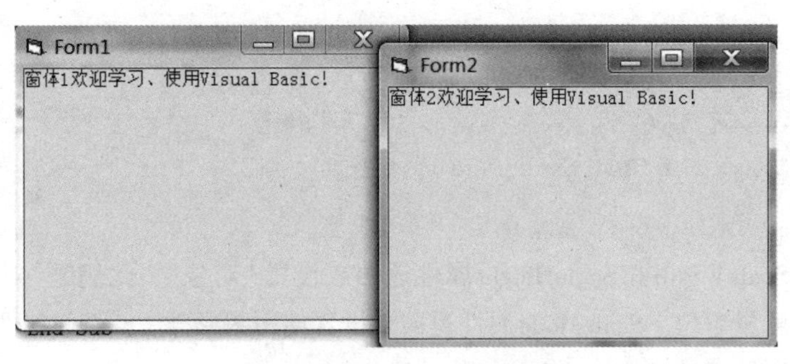

图 2-15　实例 2.7 运行结果

四、上机实验

用画图软件画一幅包含“窗体插图”四字的图片并保存在C盘根目录下。设计一个窗体，当程序运行时，自动加载C盘根目录下的这张图片作为背景，窗体标题栏显示“字体设置”，如图 2-16(a)所示。单击窗体，清除背景图片，设置窗体背景色为蓝色，在窗体上显示“visual basic 字体设置测试”，字体大小为 20，斜体，红色。字体设置作业结果如图 2-16(b)所示。

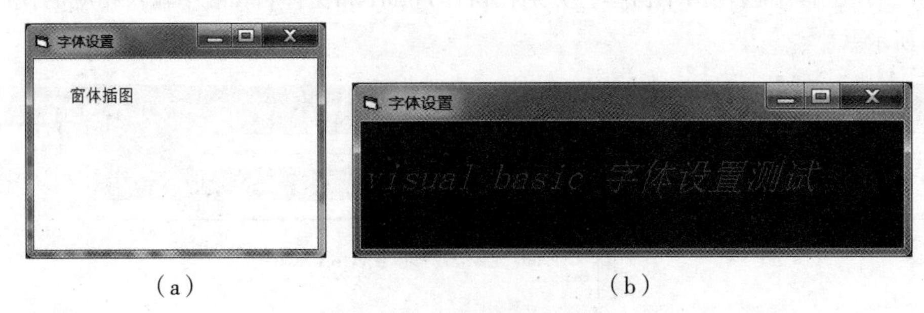

（a）　　　　　　　　（b）

图 2-16　字体设置作业结果

2.3 习题

一、选择题

1. 在窗体Form1 的Click事件过程中，有以下语句(　　):

```
Label1.Caption="Visual Basic"
```

若本语句执行之前，标签控件的Caption属性为默认值，则标签控件的Name属性和Caption属性在执行本语句之前的值分别为(　　)。

A. "Label""Label"　　B. "Label1""Visual Basic"

C. "Label1""Label1"　　D. "Caption""Label"

2. VB表达式Cos(0)+Abs(-1)+Int(Rnd(1))的值是(　　)。

A. 1　　B. 2　　C. 0　　D. -1

3. 以下叙述错误的是（ ）。

A. 双击鼠标可以触发DblClick事件

B. 窗体或控件的事件的名称可以由编程人员确定

C. 移动鼠标时，会触发MouseMove事件

D. 控件的名称可以由编程人员设定

4. 数学关系 3≤x<10 表示成正确的VB表达式为（ ）。

A. 3<=x<10　　B. 3<=x AND x<10　　C. x>=3 OR x<10　　D. 3<=x AND <10

5. 函数Len(Str(Val("123.4")))的值为（ ）。

A. 11　　B. 5　　C. 6　　D. 8

6. 在以下几项中，属于日期型常量的是（ ）。

A. "10/10/02"　　B. 10/10/02　　C. #10/10/02#　　D. {10/10/02}

7. 如果要给字体加删除线，可以选择下列哪种属性（ ）。

A. FontName　　B. FontSize　　C. FontStrikethru　　D. FontUnderLine

8. 当运行程序时，系统自动启动窗体的事件过程是（ ）。

A. Load　　B. Click　　C. UnLoad　　D. GotFocus

9. 系统符号常量的定义通过（ ）获得。

A. 对象浏览器　　B. 代码窗口　　C. 属性窗口　　D. 工具箱

10. VB中的坐标系最小刻度为（ ）。

A. 缇　　B. 像素　　C. 厘米　　D. 一个标准字符宽度

11. 可以删除字符串尾部空白的函数是（ ）。

A. Ltrim　　B. Rtrim　　C. Trim　　D. Mid

12. 每个窗体对应一个窗体文件，窗体文件的扩展名是（ ）。

A. .bas　　B. .cls　　C. .frm　　D. .vbp

13. 以下合法的一组Visual Basic用户标识符是（ ）。

A. Sum 和 8abc　　B. Const 和 DoWhile　　C. a#x 和 Pi　　D. ForLoop 和 Total

14. Int(198.555*100+0.5)/100 的值（ ）。

A. 198　　B. 199.6　　C. 198.56　　D. 200

15. 在VB中过（ ）属性来设置字体颜色。

A. FontColor　　B. ForeColor　　C. BackColor　　D. ShowColor

16. 当运行程序时，系统自动执行启动窗体的（ ）事件过程。

A. Load　　B. Click　　C. UnLoad　　D. GotFocus

17. 决定控件上文字的字体、字形、大小及效果的属性是（ ）。

A. TEXT　　B. CAPTION　　C. NAME　　D. FONT

18. 产生[10,37]之间的随机整数的VisualBasic表达式是（ ）。

A. In t(Rnd(1)*27)+10　　B. Int(Rnd(1)*28)+10

C. Int(Rnd(1)*27)+11　　D. Int(Rnd(1)*28)+11

19. 代数式x1-|a|+ln10+sin(x2+2π)/cos(57°)对应的VisualBasic表达式是（ ）。

A. X1-AbsA. +Log(10)+Sin(X2+2*3.14)/Cos(57*3.14/180)

B. X1-AbsA. +Log(10)+Sin(X2+2*π)/Cos(57*3.14/180)

C. X1-AbsA. +Log(10)+Sin(X2+2*3.14)/Cos(57)

D. X1-AbsA. +Log(10)+Sin(X2+2*π)/Cos(57)

20. 下列变量的取法不正确的是(　　)。

A. sTme　　B. T_Temp　　C. T12%　　D. T_12

21. 表达式 4+5\6*7/8 Mod 9 的值是(　　)。

A. 4 B. 5　　C. 6　　D. 7

22. 下列哪个变量的取法是不正确的(　　)。

A. sTme　　B. T_Temp　　C. T12%　　D. T_12

23. 不能正确表示条件"两个整型变量A和B之一为0，但不能同时为0"的布尔表达式(　　)。

A. A*B=0 AND A<>B　　B. (A=0 OR B=0) AND A<>B

C. A=0 AND B<>0 OR A<>0 AND B=0　　D. A*B=0 AND (A=0 OR B=0)

24. 要改变控件的宽度，应修改该控件的(　　)属性。

A. Top　　B. Width　　C. Left　　D. Height

25. 执行下面程序段后，变量c$的值为(　　)。

```
a$= "Visual Basic Programming"
b$= "Quick"
c$=b$ & Ucase(Mid$(a$,7,6)) & Right$(a$,12)
```

A. Visual BASIC Programming　　B. Quick Basic Programming

C. QUICK Basic Programming　　D. Quick BASIC Programming

26. 以下各表达式中，计算结果为 0 的是(　　)。

A. INT(12.4)+INT(-12.6)　　B. CINT(12.4)+CINT(-12.6)

C. FIX(13.6)+FIX(-12.6)　　D. FIX(12.4)+FIX(-12.6)

27. a=10，b=5，c=1，执行语句Printa>b>c后，窗体上显示的是(　　)。

A. True　　B. False　　C. 1　　D. 出错信息

28. 函数InStr("VB程序设计教程","程序")的值为(　　)。

A. 1 B. 2　　C. 3　　D. 4

29. 下列可以把当前目录下的图形文件"p1.jpg"装入图片框picture1 中，正确的语句是(　　)。

A. Picture1="p1.jpg"

B. Picture1.Picture="p1.jpg"

C. Picture1.Picture=LoadPicture("p1.jpg")

D. Picture= LoadPicture ("p1.jpg")

30. 已知A$="12345678"，则表达式Val(Left$(A $,4)+Mid$(a $,4,2))的值为(　　)。

A. 123456　　B. 123445　　C. 8　　D. 6

二、填空题

1. 每当一个窗体成为活动窗口时触发(　　)事件，当另一个窗体或应用程被激活时，在原活动窗体上产生(　　)事件。

2. 设X$ ="abc123456"，则"a"+str$(val(right(X$,4)))的值是(　　)。

3. 下列程序的功能是单击窗体后窗体隐藏，执行对话框后窗体重新显示出来，请将程序补完整。

```
Private  Sub  Form_Click()
 Dim msg As  Integer
 Form1.( )
 MsgBox"choose  ok  to  make  the jfrom  reapppear"
 Form1.( )
End Sub
```

4. 在VB中，若要将字符串"12345"转换成数字值应使用的类型转换函数是(　　)。

5. 把整型数 1 赋给一个逻辑型变量，则逻辑变量的值为(　　)。

6. 整型变量x中存放了一个二位数，要将二位数交换位置，例如13变成31，实现的表达式是(　　)。

7. 窗体是一种对象，由(　　)定义其外观，由(　　)定义其行为，由(　　)定义其与用户的交互。

8. 表达式Fix(-21.68) + Int(-12.02) 的值为(　　)。

9. 一个控件在窗体上的位置由Top和(　　)属性决定,其大小由Width和(　　)属性决定。

10. X=2:Y=8:PRINT X+Y=10 的结果是(　　)。

11. 设a="Visual Basic"，语句Left(a,3)值为(　　)，Mid(a,8,5)值为(　　)。

12. 表达式Ucase(Mid("abcdefgh",3,4))的值是(　　)。

13. sst="ABC12DE"，则Val(sst)=(　　)。

14. 声明单精度常量g(重力加速度)代表9-8可写成(　　)。

15. 默认情况下，所有未经显示声明的变量均视为Variant类型，如果要强制变量的声明，应在模块的声明段使用(　　)语句。

16. 假定一个文本框的Name属性为Text1，为了在该文本框中显示"Hello!"，所使用的语句为(　　)。

17. 表达式"[A]"Like "[A]"的值为(　　)。

18. 设x为大于零的实数，则大于x的最小偶数的VB表达式是(　　)。

19. 欲使自己设计的VB程序在运行过程中，既不中止本程序的运行，又可调用系统中已有的应用程序c:\windows\Calc.exe,可在程序代码窗口必要的地方添加语句(　　)。

20. Int(-3.5)、Int(3.5)、Fix(-3.5)、Fix(3.5)、Round(-3.5)、Round(3.5)的值分别是(　　)。

21. B 6.0 的基本表达式包括算术表达式、关系表达式和(　　)表达式。

22. 表达式(-3) And 8 的值为(　　)。

23. 征兵的条件：男性(sex)年龄(age)在18~20岁之间，身高(size)在1.65米以上；或女性年龄在16~18岁之间，身高在1.60以上，列出逻辑表达式(　　)。

24. 如果：I=12:J=3:I=int(-8.6)+I\J+13/3 MOD 5，则I值是(　　)。

25. A和B同为正整数或同为负整数的VB表达式为(　　)。

26. 已知a=3.5，b=5.0，c=2.5，d=True，则表达式：a>=0 AND a+c>b+3 OR NOT d的值是(　　)。

三、判断题

1. 用Cls方法能清除窗体或图片框图中用Picture属性设置的图形。　(　　)

2. 在程序运行过程中，变量中的值不会改变，而常量中的值会被改变。　(　　)

3. Variant是一种特殊的数据类型，Variant类型变量可以存储除了定长字符串数据及自定义类型外的所有系统定义类型的数据。Variant类型变量还可具有Empty、Error和Null等特殊值。　(　　)

4. 对象的可见性用enabled属性设置，可用性用visible属性设置。　(　　)

5. 在VB中，函数 Fix(-3.6)的返回值是-4。　(　　)

6. 在Visual Basic中，Dim a ，b，c as integer和Dim a as integer，b as integer，c as integer相同。　(　　)

7. 由变量名对变量的内容进行使用或修改，则使用变量就是引用变量的内容。　(　　)

8. 当窗体的Enabled属性值为False时，该窗体上的按钮、文本框等控件就不会对用户的操作做出反应。　(　　)

9. 利用Private Const 声明的符号常量,在代码中不可以再赋值。　(　　)

10. print Format(32548.5,"000,000.00")的输出结果是A:32548.5。　(　　)

第3章

VB程序设计基础

3.1 实验

一、实验目的

（1）掌握VB的基本语句。

（2）掌握数据的输入输出方法和函数。

（3）掌握基本控件的创建和使用方法。

二、本实验知识点

1. 赋值语句

```
<变量名>=<表达式> 或 [<对象名>].<属性名>=<表达式>
```

首先计算“=”号（称为赋值号）右边的表达式的值，然后将此值赋给赋值号左边的变量或对象属性。表达式可以是任何类型的表达式，一般应与变量名的类型一致。当表达式的类型与变量的类型不一致时，强制转换成左边的类型。

2. 注释语句

为了提高程序的可读性，通常在程序的适当位置加上必要的注释。在VB中用单引号或Rem来标识一条注释语句。

格式为：'|Rem <注释内容>

3. Print方法

Print方法可以在窗体、图片框、打印机和立即窗口等对象上输出数据。Print方法的格式为：

```
[<对象名>.]Print[[Spc(n)|Tab(n)]][<表达式列表>][;|,]
```

Print方法具有计算和输出双重功能。对于表达式，先计算表达式的值，然后输出。

4. Tab函数

格式：Tab[(n)]

功能：在指定的第*n*个位置上输出数据。

说明：若n小于当前显示位置，则自动移到下一个输出行的第*n*列上；若*n*小于1，则打印位置在第1列；若省略此参数，则将插入点移到下一个打印区的起点。

5. Spc函数

格式：Spc（n）。

功能：跳过*n*个空格。

6. Format函数

格式：Format(表达式[,"格式字符串"])。

功能：使数值、日期或字符串按指定的格式输出。

7. Cls方法

格式：[对象名.]Cls

功能：用于清除窗体或图片框中用Print方法显示的信息，并将图形光标（不可见）重新定位到对象的左上角（0,0），若省略对象名，则默认清除窗体中所显示的内容。

8. InputBox函数

InputBox函数用于将用户从键盘输入的数据作为函数的返回值返回到当前程序中。该函数使用的是对话框界面，可以提供良好的交互环境。

当使用该函数时，可以返回的两种类型数据。

（1）数值型数据：此时函数返回的是一个数值型数据。

函数格式如下：

```
InputBox(prompt[,title][,default][,xpos,ypos]
[,helpfile,context])
```

此时，只能输入数值不能输入字符串。

（2）字符串型数据：此时函数返回的是一个字符串型数据。

函数格式如下：

```
InputBox$(prompt[,title][,default][,xpos,ypos]
[,helpfile,context])
```

此时，既可以输入数值，也可以输入字符串。

9. MsgBox函数

使用MsgBox函数可以产生一个对话框来显示消息。当用户单击某个按钮后，将返回一个数值，以标明用户单击了哪个按钮。

语法格式如下：

```
变量= MsgBox(提示[,对话框类型[, 对话框标题]])
```

10. 命令按钮

命令按钮（CommandButton）是使用最多的对象之一，它常用来接受用户的操作信息，触发相应的事件过程来实现指定的功能。

11. 标签

标签是VB中最简单的控件，用于显示字符串，通常显示的是文字说明信息，但不能编辑标签控件。Label控件也是图形控件，可以显示用户不能直接改变的文本。

12. 文本框

文本框控件（TextBox）是一个文本编辑区域，可以在该区域中输入、编辑和显示文本内容。文本框提供了基本文字处理功能，既可以输入单行文本，也可以输入多行文本，还具有根据控件的大小自动换行及添加基本格式的功能。

三、实验示例

实例 3.1 设计一个程序，计算圆的周长，要求用InputBox函数输入半径，用MsgBox函数输出周长值。

1. 设计界面

在窗体上创建一个命令按钮Command1，设置Caption的属性值为“计算圆的周长”。实例3.1设计界面如图3-1所示。

图3-1 实例3.1设计界面

2. 编写代码

```
Private Sub Command1_Click()
Const pi = 3.14159
Dim r As Single, s As String, s2 As String
Dim zhouchang As Single
s = InputBox("请输入半径", "输入半径", 1)
r = Val(s)
zhouchang = 2 * pi * r
s2 = "半径=" + s + ",圆的周长=" + Str(zhouchang)
MsgBox s2, 64, "确认窗口"
End Sub
```

3. 运行结果

运行结果如图 3-2 和图 3-3 所示。

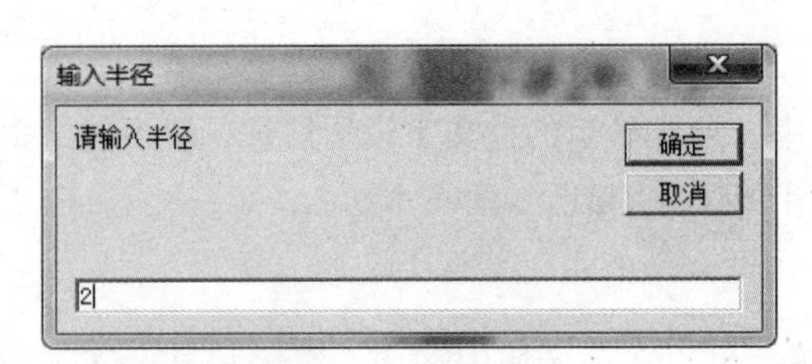

图 3-2 输入半径

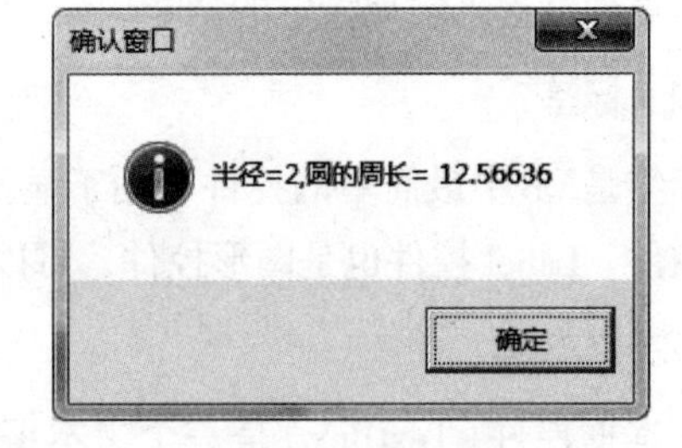

图 3-3 输出周长

实例 3.2 设计一个程序，单击“相加”按钮，把两个文本框中的数据相加，结果存放在另一个文本框中，单击“清除”按钮，则清除 3 个文本框中的内容。

1. 设计界面

在窗体上创建 2 个命令按钮，3 个标签，3 个文本框。设计界面如图 3-4 所示。

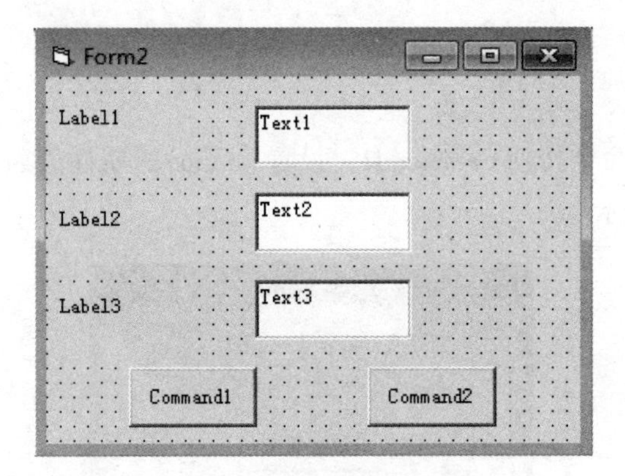

图 3-4 实例 3.2 设计界面

设置属性见表 3-1 所列。

表 3-1 设置属性

对象名	属性	属性值
Text1	Text	“”
Text2	Text	“”
Text3	Text	“”
Label1	Caption	第一个数
Label2	Caption	第二个数
Label3	Caption	和
Command1	Caption	相加
Command2	Caption	清除

2. 编写代码

```
Private Sub Command1_Click()
    x = Val(Text1.Text)
    y = Val(Text2.Text)
    Text3.Text = x + y
End Sub
Private Sub Command2_Click()
    Text1.Text = ""
    Text2.Text = ""
    Text3.Text = ""
End Sub
```

3. 运行结果

实例 3.2 运行结果如图 3-5 所示。

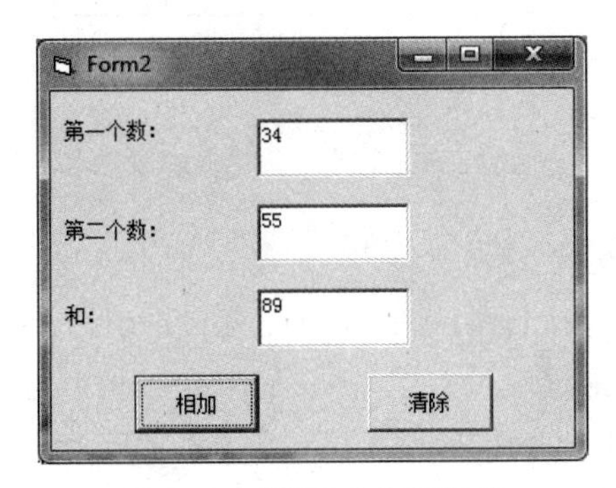

图 3-5　实例 3.2 运行结果

四、上机实验

（1）编写程序计算一个数的平方和平方根。设计界面如图 3-6 所示，程序运行时，在第一个文本框输入一个正整数，单击“计算”按钮后，在第二个文本框显示此数的平方，在第三个文本框中显示此数的平方根。界面上“清除”按钮的作用是清除三个文本框中的数据，“退出”按钮的作用是结束程序。

（2）编写程序，使其运行时出现如图 3-7 所示的输入对话框。

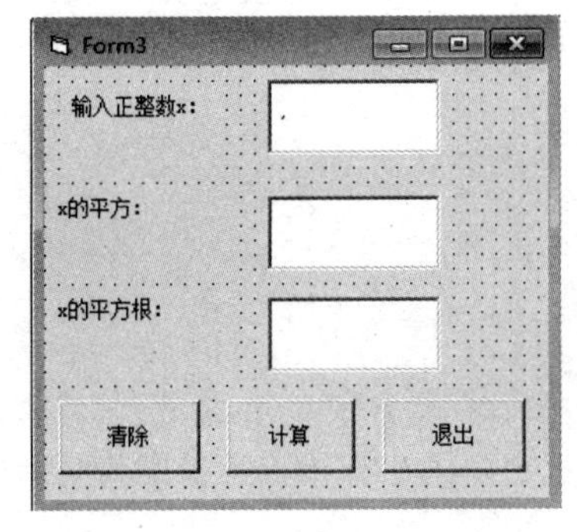

图 3-6　上机实验 1 设计界面

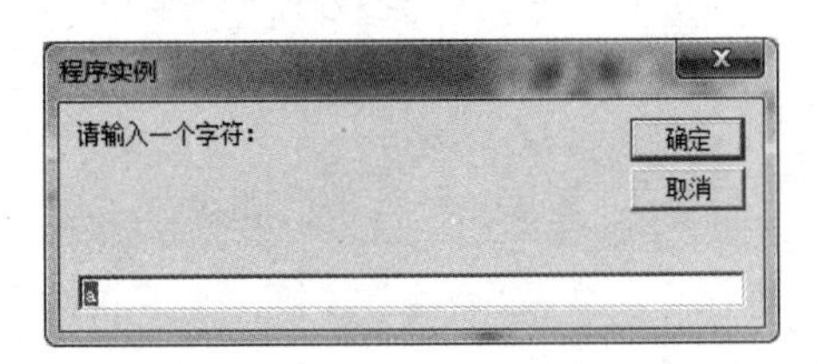

图 3-7　上机实验 2 运行界面

(3)设计程序，创建一个标签，三个命令按钮，实现标签的显示和隐藏，以及改变文字的颜色。设计界面如图 3-8 所示。

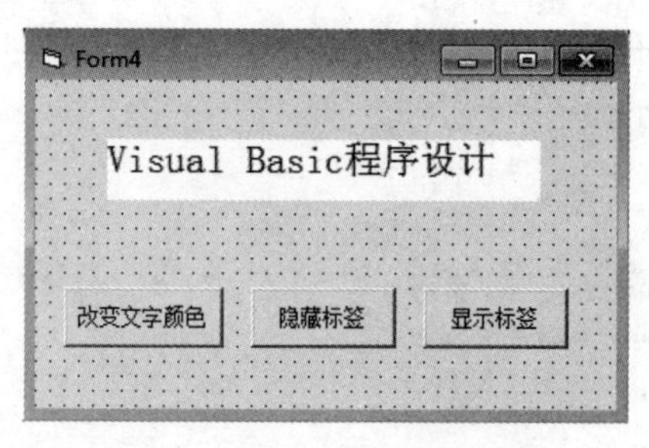

图 3-8　上机实验 3 设计界面

3.2 习题

一、选择题

1. 正确使用Cls方法的是(　　)。

A. Text1.Cls　　B. Picture1.Cls　　C. List1.Cls　　D. Image1.Cls

2. 错误使用Print方法的是(　　)。

A. Picture1.Print　　B. Form1.Print　　C. Debug.Print　　D. Text1.Print

3. 用Print方法分区输出时，用(　　)分隔多个表达式。

A. 空格　　B. 逗号　　C. 冒号　　D. 分号

4. 执行x = InputBox("请输入半径",0,"求面积")，在输入框中输入 3 后按“Enter”键,则下列叙述正确的是(　　)。

A. x的值是数值 3　　B. x的值是字符"3"

C. 0 是默认值　　D. 对话框标题是"求面积"

5. 执行x = MsgBox("数据类型不匹配",1,"出错提示!")，然后单击消息框的“取消”按钮，x的值是(　　)。

A. True　　B. False　　C. 1　　D. 2

6. 窗体上有一个命令按钮Command1，编写如下事件过程:

```
Private Sub Command1_Click()
    x = InputBox("x=")
    y = InputBox("y=")
    Print x + y
End Sub
```

运行后，单击“命令”按钮，先后在两个输入对话框中输入 123 和 321，窗体显示的内容是(　　)。

A. 444　　B. 123321　　C. 123+321　　D. 出错信息

7. 下列叙述错误的是(　　)。

A. 标签和文本框都有Caption属性

B. 标签和文本框的主要区别在于能否编辑其内容

C. 标签具有AutoSize属性，而文本框没有

D. 文本框具有ScrollBar属性，而标签没有

8. 能清除文本框Text1 中内容的语句是(　　)。

A. Text = ""　　B. Text1.Text = ""　　C. Text1.clear　　D. Text1.Cls

9. 下列控件属性赋值语句错误的是(　　)。

A. Label1 = "欢迎"　　B. Text1.Text = "欢迎"

C. Text1 = "欢迎"　　D. Text = "欢迎"

10. 设置标签Label1 的(　　)属性使它不可见。

A. Label1.Visible = 0　　B. Label1.Visible == 1

C. Label1.Visible = True　　D. Label1.Visible = False

11. 语句Print "5*5" 的显示结果是(　　)。

A. 25　　B. "5*5"　　C. 5*5　　D. 出现错误提示

12. 语句“Form1.Print Tab(10);"#"”的作用是在窗体当前输出行(　　)。

A. 第 10 列输出字符“#”　　B. 第 9 列输出字符“#”

C. 第 11 列输出字符“#”　　D. 输出 10 个字符“#”

13. 当文本框的属性(　　)设置为True时，在运行时文本框不能编辑。

A. Enabled　　B. Locked　　C. Visible　　D. MultiLine

14. 要使文本框显示滚动条，除了设置ScrollBars属性外还必须设置属性(　　)。

A. AutoSize　　B. MultiLine　　C. Alignment　　D. Visible

15. 文本框控件Text4 的Text属性默认值为(　　)。

A. Text4　　B. "Text4"　　C. Locked　　D. Name

16. 以下关于MsgBox的叙述中，错误的是(　　)。

A. MsgBox函数返回一个整数。

B. 通过MsgBox函数可以设置信息框中图标和按钮的类型。

C. MsgBox语句没有返回值。

D. MsgBox函数的第二个参数是一个整数，该参数只能确定对话框中显示的按钮数量。

二、填空题

1. 语句Print"25+32="; 25+32 的输出结果是(　　)。

2. 执行语句S$="Hello,Beijing": Print right(S,7)，输出的结果为(　　)。

3. InputBox函数返回值的类型为(　　)。

4. 在VB中，可以用一个简单的(　　)语句实现退出程序。

5. 执行语句Print Format(123.5,” $000,#.##”)的输出结果是(　　)。

6. 在程序中设置命令按钮Command1 的字体属性为黑体，使用的语句是(　　)。
7. 在程序中设置文本框Text1 的字体大小为 20，使用的语句是(　　)。
8. 若使文本框内能够接受多行文本，则要设置Multiline属性的值为(　　)。
9. 要使某个命令按钮不起作用，应将该按钮的(　　)属性设置为False。
10. 斜体字由(　　)属性设置。

三、判断题

1. 标签控件可以用来让用户输入数据。(　　)
2. 标签没有Change事件和SetFocus方法。(　　)
3. 清除窗体或控件对象上的信息用Cls方法。(　　)
4. QBcolor函数的参数是一个介于0~255之间的整数。(　　)
5. Print语句可以省略输出项，省略输出项表示输出一空行。(　　)
6. 标签控件不可以响应Click事件。(　　)
7. 对象的标题文字的颜色是由FontColor属性决定的。(　　)
8. 每当一个窗体成为活动窗口时，将触发Show事件。(　　)
9. 文本框没有Caption属性。(　　)
10. 注释语句在程序中不执行。(　　)

四、程序阅读题

1. 阅读程序，写出运行结果：

```
Private Sub Command1_Click(    )
   Print -2 * 3 / 2, "Visual" & "Basic", Not 5 > 3, 1.75
   Print -2 * 3 / 2; "Visual" & "Basic"; Not 5 > 3; 1.75
   x = 12.34
   Print "x=";
   Print x
End Sub
```

2. 阅读程序，写出运行结果：

```
Private Sub Command1_Click()
   Print Tab(10); -100; Tab(20); 200; Tab(30); -300
   Print Spc(5); -100; Spc(5); 200; Spc(5); -300
End Sub
```

3. 阅读程序，写出运行结果：

```
Private Sub Command1_Click(    )
   Print "12345678901234567890"
   x = 1
   y = 2
```

```
    Print 1; 2; -3; -4
    Print 1, -2; -3;
    Print 4;
    Print
    Print "x" + "+" + "y" + "=" + "x+y"
    Print Tab(2); x; Tab(5); y; Space(3); x + y
    Print Str(x) + "+" + Str(y) + "=" + Str(x + y)
End Sub
```

第4章

选择结构程序设计

4.1 选择语句应用

一、实验目的

（1）掌握IF条件语句和Select Case语句的功能和应用。

（2）学会使用IF条件语句、Select Case语句来实现选择控制结构，解决实际问题。

二、本实验知识点

1. 单分支结构语句

（1）书写格式有两种：块结构和单行结构。

格式一：块结构

```
If <条件表达式 >Then
        <语句序列 1>
End If
```

格式二：单行结构

```
If <条件表达式>Then <语句序列 1>
```

（2）单分支结构运行过程。首先计算条件表达式的值，然后对其值进行判断，若值为真（True），则顺序执行语句序列1；若值为假（False），则跳过语句序列1，即不执行语句序列1，执行End If语句的后续语句。

2. 双分支结构语句

（1）书写格式也有两种：块结构和单行结构。

格式一：块结构

```
If  <条件表达式> Then
    <语句序列 1>
```

```
Else
    <语句序列 2>
End If
```

格式二：单行结构

```
If <条件表达式> Then <语句序列 1>  Else <语句序列 2>
```

（2）双分支结构运行过程。先计算条件表达式，然后对其值进行判断，若值为真，则顺序执行语句序列 1，然后执行End If语句的后续语句；若值为假，则顺序执行语句序列 2，然后执行End If语句的后续语句。

3. 多个分支结构可采用的语句

（1）格式。

```
If <条件 1>Then
        [语句序列 1]
ElseIf <条件 2>Then
        [语句序列 2]
…
[Else
      [其他语句序列]]
End If
```

（2）运行过程。程序运行时，先测试条件 1，如果条件为真，则执行Then之后的语句；如果条件 1 为假，则依次测试ElseIf子句；如果某个ElseIf子句的条件为真，则执行该ElseIf子句对应的语句序列，执行完成后从End If语句退出；如果没有一个ElseIf子句的条件为真，则执行Else部分的其他语句序列。

4. 情况分支结构

（1）格式。

```
Select Case<测试条件>
[Case<表达式列表 1>
      [<语句序列 1>]]
[Case<表达式列表 2>
      [<语句序列 2>]]
 …
[Case Else
      [<其他语句序列>]]
End Select
```

（2）运行过程。程序执行时，先求测试条件的值，然后依次判断与哪一个Case子句的值相匹配。如果匹配，则执行该Case子句后的语句列，执行完成后从End Select退出；如果没有Case子句与测试条件匹配，则执行Case Else语句。注意，如果有多个Case子句与测试条件匹配，则只执行第一个与之匹配的语句。

5. 选择结构的嵌套

如果在If语句中操作块a1块（语句序列1）或a2块（语句序列2）本身又是一个If语句，则称为If语句的嵌套。格式如下：

```
If <表达式1> then
    If <表达式2> then
        <语句组1>
     Else
       <语句组2>
     End If
……
else
     <语句组3>
End If
```

三、实验示例

实例4.1 某商场为了促销，采用购物打折的优惠办法：每位顾客一次购物优惠如下：

（1）在1000元以上者，按九五折优惠。

（2）在2000元以上者，按九折优惠。

（3）在3000元以上者，按八五折优惠。

（4）在5000元以上者，按八折优惠。

输入购物款数，计算并输出优惠价。

分析：设购物款为x元，优惠价为y元，付款公式为：

$$y=\begin{cases} x & (x<1000) \\ 0.95x & (1000\leqslant x<2000) \\ 0.9x & (2000\leqslant x<3000) \\ 0.85x & (3000\leqslant x<5000) \\ 0.8x & (x\geqslant 5000) \end{cases}$$

根据题意，我们可以利用单分支结构，编程如下：

```
Private Sub Command1_Click()
Dim x As Single, y As Single
x = Val(Text1.Text)
If x < 1000 Then y = x
If x >= 1000 And x < 2000 Then y = 0.95 * x
If x >= 2000 And x < 3000 Then y = 0.9 * x
If x >= 3000 And x < 5000 Then y = 0.85 * x
If x >= 5000 Then y = 0.8 * x
Text2.Text = y
End Sub
'学习了IF语句的嵌套，我们可以编程如下：
```

```
'命令按钮Command2 的单击(Click)事件代码为:
Private Sub Command2_Click()
Dim x As Single, y As Single
x = Val(Text1.Text)
If x < 1000 Then
  y = x
Else
  If x < 2000 Then
      y = 0.95 * x
  Else
     If x < 3000 Then
       y = 0.9 * x
     Else
        If x < 5000 Then
          y = 0.85 * x
        Else
          y = 0.8 * x
        End If
      End If
    End If
  End If
  Text2.Text = y
End Sub
```

在实例中使用带ElseIf的块If语句来计算出优惠价，只需将其中命令按钮Command3 的单击(Click)事件代码改为:

```
Private Sub Command3_Click()
Dim x As Single, y As Single
x = Val(Text1.Text)
If x < 1000 Then
    y = x
ElseIf x < 2000 Then
    y = 0.95 * x
ElseIf x < 3000 Then
   y = 0.9 * x
 ElseIf x < 5000 Then
    y = 0.85 * x
Else
    y = 0.8 * x
 End If
  Text2.Text = y
End Sub
```

在实例中，我们还可以使用Select Case语句来计算优惠价，只需将其中的命令按钮

Command4 的单击(Click)事件代码改为:

```
Private Sub Command4_Click()
Dim x As Single, y As Single
x = Val(Text1.Text)
Select Case x
Case Is < 1000
  y = x
Case Is < 2000
  y = 0.95 * x
Case Is < 3000
  y = 0.9 * x
Case Is < 5000
   y = 0.85 * x
Case Else
  y = 0.8 * x
End Select
Text2.Text = y
End Sub
```

实例 4.2 输入年份和月份，判断输出该年是否为闰年，并根据月份判断输出是什么季节和该月有多少天。

闰年是为了弥补因人为历法规定造成的年度天数与地球实际公转周期的时间差而设立的。补上时间差的年份为闰年。闰年共有 366 天，其中 2 月为 29 天。判断某个年份是闰年的根据是年份数满足下述条件之一:

条件 1: 能被 4 整除，但不能被 100 整除的年份都是闰年。

条件 2: 能被 100 整除，又能被 400 整除的年份都是闰年。

设变量 x 表示年份，判断 x 是否满足条件 1 的布尔表达式是:

```
x Mod 4 = 0  And x Mod 100 <> 0
```

判断 x 是否满足条件 2 的布尔表达式是:

```
x Mod 100 = 0 And x Mod 400 = 0
```

两者取“或”，即得判断闰年的布尔表达式:

```
x Mod 4 = 0 And x Mod 100 <> 0 Or x Mod 100 = 0 And x Mod 400 =
0
```

季节规定为:

3—5 月为春季，6—8 月为夏季，9—11 月为秋季，12—2 月为冬季。

根据分析，我们进行设计界面，如图 4-1 所示。属性设计见表 4-1 所列。

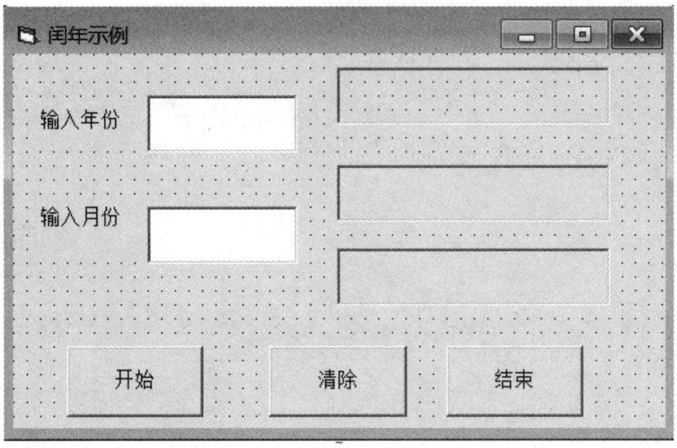

图 4-1　实例 4.2 设计界面

表 4-1　闰年属性设置

控件名	属性名	属性值	控件名	属性名	属性值
Form1	Caption	闰年示例	Label4	Caption	“”
Text1-text2	Text	“”	Label4	boderstyle	1
Label1	Caption	输入年份	Label5	Caption	“”
Label1	boderstyle	1	Label5	boderstyle	1
Label2	Caption	输入月份	command1	Caption	开始
Label3	Caption	“”	Command2	Caption	清除
Label3	boderstyle	1	Command3	Caption	结束
Label3	backstyle	0			

程序代码如下：

```
Private Sub Command1_Click()
Dim x As Integer, y As Integer   'x代表年份，y代表月份
x = Val(Text1.Text)
y = Val(Text2.Text)
If x Mod 4 = 0 And x Mod 100 <> 0 Or x Mod 400 = 0 Then    '判断闰
年
    Label3.Caption = x & "年是闰年"
Else
    Label3.Caption = x & "年不是闰年"
End If
Select Case y                              '判断季节
    Case 3, 4, 5
        Label4.Caption = "春季"
    Case 6, 7, 8
        Label4.Caption = "夏季"
```

```
    Case 9, 10, 11
        Label4.Caption = "秋季"
    Case 12, 1, 2
        Label4.Caption = "冬季"
End Select
Select Case y                                        '判断天数
    Case 2
       If x Mod 4 = 0 And x Mod 100 <> 0 Or x Mod 400 = 0 Then
Label5.Caption = "29天"
      Else
Label5.Caption = "28天"
      End If
    Case 1, 3, 5, 7, 8, 10, 12
        Label5.Caption = "31天"
    Case 4, 6, 9, 11
        Label5.Caption = "30天"
    Case Else
        Label5.Caption = "月份输入错误"
End Select
End Sub

Private Sub Command2_Click()       '清除内容
Text1.Text = ""
Text2.Text = ""
Label3.Caption = ""
Label4.Caption = ""
Label5.Caption = ""
End Sub

Private Sub Command3_Click()       '程序结束
End
End Sub
```

运行程序，输入年份 2000，输入月份 2，实例 4.2 运行结果如图 4-2 所示。

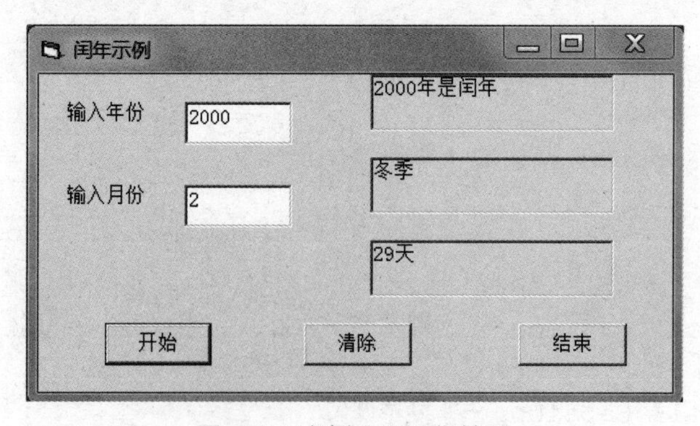

图 4-2　实例 4.2 运行结果

实例 4.3 下面的程序段是检查输入的算术表达中的圆括号是否配对，并显示相应的结果，本程序在文本框输入表达式，边输入边统计，以输入回车符作为表达式输入结束，然后显示结果。

```
Dim count1%
Private Sub text1_keypress(keyascii As Integer)
If Chr(keyascii) = "(" Then
    count1 = count1 + 1
ElseIf Chr(keyascii) = ")" Then
    count1 = count1 + -1
End If
If keyascii = 13 Then
    If count1 = 0 Then
        Print "左右括号配对"
    ElseIf count1 > 0 Then
        Print "左括号多于右括号"; count1; "个"
    Else
        Print "右括号多于左括号"; -count1; "个"
    End If
End If
End Sub
```

四、上机实验

（1）利用多分支If结构求分段函数的值的程序，要求只要在文本框中输入x的值，即可在标签控件上显示x的值运行结果，如图4-3所示。

$$y=\begin{cases}1+x & (x\geqslant 0)\\ 1-2x & (x<0)\end{cases}$$

（2）从键盘输入3个数，判断这3个数能否构成三角形。若能构成三角形，则计算该三角形的面积，否则提示出错信息。请用If语句实现。

（3）购买地铁车票，若乘1~4站，则3元/位；若乘5~9站，则4元/位；若乘10站以上，则5元/位；地铁价格如图4-4所示，输入人数person、站数n，输出应付款pax。

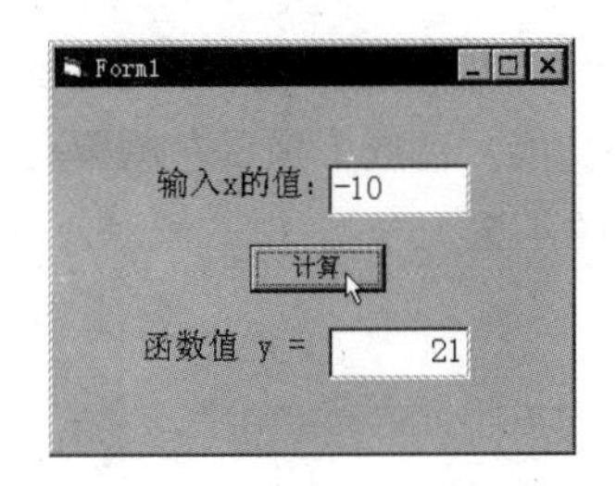

图4-3　上机实验1运行界面

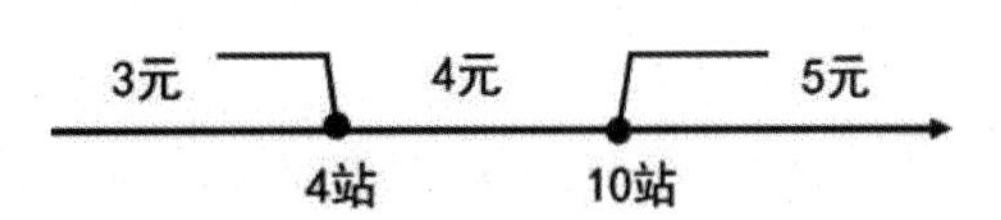

图4-4　上机实验3运行条件

（4）商场折扣方法如下，请编程计算打折后的金额：

购物300元以下，无优惠（使用MsgBox函数显示“无优惠”）。

购物300元以上，95折；

购物500元以上，9折；

购物1000元以上，85折；

购物5000元以上，8折。

（5）编写窗体的单击事件。用输入框输入一个自然数，判断是“正数”、“负数”或“零”，并根据输入的数用消息框显示“正数”“负数”或“零”。

（6）从键盘输入任意一个三位数，判断它是否是阿姆斯特朗数。

提示：阿姆斯特朗数也俗称水仙花数，是指一个三位数，其各位数字的立方和等于该数本身。例如：$153 = 1^3 + 5^3 + 3^3$，所以153就是一个水仙花数。对于阿姆斯特朗数问题，根据定义，需要分离出个位数、十位数和百位数。然后按其性质进行计算并判断，满足条件则打印输出，否则不打印输出。

算法思想具体如下：

① 分离出个位数，算术表达式为：$j = i\%10$。

② 分离出十位数，算术表达式为：$k = i / 10\%10$。

③ 分离出百位数，算术表达式为：$n = i / 100$。

4.2 选择控件的应用

一、实验目的

（1）掌握单选按钮、复选框、框架控件的常用属性、方法和事件。

（2）学会使用这些控件进行简单编程。

二、本实验知识点

1. 单选按钮（OptionButton）

单选按钮也称作选择按钮。一组单选按钮控件可以提供一组彼此相互排斥的选项，任何时刻用户只能从中选择一个选项，实现一种“单项选择”的功能，被选中项目左侧圆圈中会出现一个黑点。同时，其他单选按钮中的黑点消失，表示关闭（不选）。

（1）常用属性。

①Caption：文本标题。设置单选按钮的文本注释内容。

②Alignment属性：

0：Left Justify（默认）控件钮在左边，标题显示在右边。

1：Right Justify 控件钮在右边，标题显示在左边。

③Value 属性。

True：单选按钮被选定；False: 单选按钮未被选定（默认设置）。

④Style 属性。

0--Standard：标准方式；1--Graphical：图形方式。

说明：当把Style属性设置为1时，可使用 Picture 属性（未选定时的图标或位图）、DownPicture属性（选定时的图标或位图）、DisabledPicture属性（禁止选择时的图标或位图）。

（2）方法。SetFocus方法是单选按钮控件最常用的方法，可以在代码中通过该方法将Value属性设置为True。与命令按钮相同，使用该方法之前，必须要保证单选按钮处于可见和可用状态（Visible与Enabled属性值均为True）。

（3）事件。Click事件是单选按钮控件最基本的事件，一般情况下，用户无须为单选按钮编写Click事件过程，因为当用户单击单选按钮时，它会自动改变状态。

2. “复选框”（Check box）

Visual Basic提供一种称为“复选框”（Check box）的控件，又称“检查框”，它有两种状态可以选择：

- 选中（或称“打开”，复选框中出现一个“√”标志）；
- 不选（或称“关闭”，“√”标志消失）。

一组复选框框控件可以提供多个选项，它们彼此独立工作，用户可以同时选择任意多个选项，实现一种“不定项选择”的功能。选择某一选项后，该控件将显示√，而清除此选项后，√消失。

（1）属性。下面我们介绍复选框的几个常用属性

①Value属性。

语法：CheckBox1.Value[= num]，返回或设置复选框所处的状态

Number表示一个整数值，其合法取值有三个：0、1和2。

0：表示Unchecked，即复选框处于未被选中的状态（默认）。

1：表示Checked，即复选框，处于被选中状态。

2：图标为带灰色对勾的，表示禁止选择。

②Alignment属性。

语法：CheckBox1.Alignment[= number]。

功能：返回或设置复选框与Caption属性所设置的标题的相对位置。

Number的合法取值：0和1。

0：表示Left Justify，即复选框位于标题的左边。

1：表示Right JustifyJustify，即复选框位于标题的右边。

③复选框的Style、Picture和DownPicture等属性的含义和单选按钮一样。

（2）方法。每调用一次SetFocus方法，就会触发一次Click事件。Value每改变一次，就会触发一次Click事件。

(3)事件。Click事件是复选框控件最基本的事件。

3. 框架

框架主要用来对其他控件进行分组，以便用户识别。框架主要用于为单选按钮分组，因为在若干个单选按钮中只能选择一个，但是有时有多组选项，希望在每组选项中各选一项。这时就可将单选按钮分成几组，每组作为一个单元，用框架分开。

框架内控件的创建方法如下：

方法1：单击工具箱上的工具，然后用出现的“+”指针，在框架中适当位置拖曳出适当大小的控件。不能用双击的方法向框架中添加控件，也不能将控件选中后直接拖曳到框架中，否则这些控件不能和框架成为一体，其载体不是框架而是窗体。

方法2：如果希望将已经存在的若干控件放在某个框架中，可以先选择所有控件，将它们剪贴到剪贴板上，然后选定框架控件并把它们粘贴到框架上(不能直接拖曳到框架中)；也可以先添加框架，然后选中框架，再在框架中添加其他控件，这样在框架中建立的控件和框架形成一个整体，可以同时被动、删除。

(1)属性。框架常用的属性有：

①Caption属性。用来设置框架左上角的标题。如果框架的Caption属性为空，则框架为封闭的矩形框，但是框架中的控件仍然和单纯用矩形控件围起来的控件不同，框架的矩形框是灰色的外边框。

②Enabled属性。用来设置框架及其内部的控件是否可用。

- True：默认值，在运行时，用户可以对框架及其内部的所有控件进行操作。
- False：在运行时，框架的标题和边框呈灰色，框架内的所有对象均被屏蔽，用户不能对框架及其内部所有控件进行操作。

框架Enabled属性的设置不影响框架内部控件的Enabled属性的设置。若框架中包含3个控件，则将框架的Enabled属性设置为True，将其内部的1个控件的Enabled属性设置为False，将其内部的另外2个控件的Enabled属性设置为True，则框架及其内部的另外两个控件都可以操作。

③Visible属性。用来设置框架及其内部的控件是否可见。

$1 True：默认值，在运行时，框架及其内部所有控件都可见。

$1 False：在运行时，框架及其内部所有控件都不可见。

框架的Visible属性的设置不影响框架内部控件的Visible属性的设置。

④BorderStyle属性。用来设置框架的边框风格，有两个属性值：0和1。

$1 0-None：没有边框，框架上的标题文字也不显示。

$1 1-Fixed Single：默认值，框架标题和边框正常显示。

4. 常用事件

框架能响应很多事件，如Click、DblClick、GotFocus、LostFocus、KeyPress、KeyDown和KeyUp等。

三、实验示例

实例 4.4 全国计算机等级考试是经原国家教育委员会（现教育部）批准，由教育部考试中心主办，面向社会，用于考查应试人员计算机应用知识与技能的全国性计算机水平考试体系。

一级考试包括计算机基础及MS Office应用、计算机基础及WPS Office应用、计算机基础及Photoshop应用、网络安全素质教育，一共四个科目。

获证条件：四个科目中选择一个参加考试并通过即可。

二级考试包括C语言程序设计、C++语言程序设计、Java语言程序设计、Web程序设计、Python语言程序设计、Access数据库程序设计、MySQL数据库程序设计、MS Office高级应用与设计、WPS Office高级应用与设计，共九个科目。

获证条件：MS Office高级应用与设计、WPS Office高级应用与设计：总分达到60分及以上。

二级语言类、Web程序设计、数据库科目（除MS Office高级应用与设计、WPS Office高级应用与设计外的其他二级科目）：总分达到60分且选择题得分达到50%及以上（选择题得分要达到20分及以上）

编写一个简单的报名表单，用于收集考生信息。

分析：根据前面的介绍，我们创建frame1~frame4框架，一个用于选择等级，一个用于放一级考试内容，二级考试内容。把这两部分内容放在另外两个框架内，创建三个文本框，分别用于输入姓名、输入身份证号和显示报名信息。创建两个标签用于显示提示信息，创建一个“确定”按钮，用于提交信息，创建单选按钮，分别放置到四个框架中，并设置相关属性，见表4-2所列，实例4.4设计界面如图4-5所示。

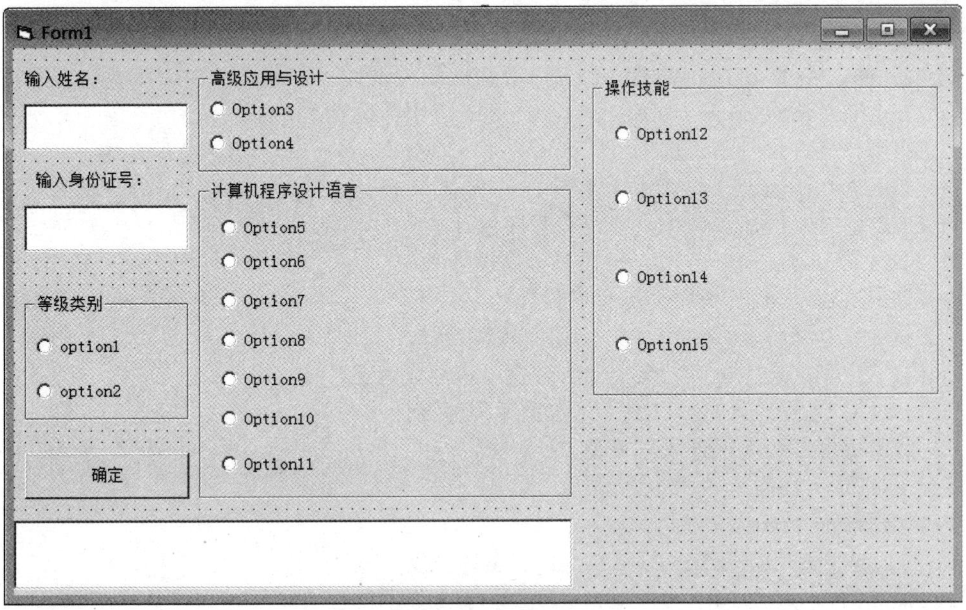

图 4-5　实例 4.4 设计界面

表 4-2 设置属性

控件名	属性名	属性值
command1	Caption	确定
Text1-text3	Text	“”
Label1	Caption	输入姓名:
Label2	Caption	输入身份证号:
frame1	Caption	等级类别
Frame2	Caption	操作技能
Frame3	Caption	高级应用与设计
Frame4	Caption	计算机程序设计语言

根据题意，程序代码如下：

```
Private Sub Form_Load()
'初始化等级选项
Option1.Caption = "一级"
Option2.Caption = "二级"
'一级考试科目选项
Option12.Caption = "计算机基础及MS Office应用"
Option13.Caption = "计算机基础及WPS Office应用"
Option14.Caption = "计算机基础及Photoshop应用"
Option15.Caption = "网络安全素质教育"
'二级考试应用与设计选项
Option3.Caption = "MS Office高级应用与设计"
Option4.Caption = "WPS Office高级应用与设计"
'二级考试程序设计语言选项
Option5.Caption = "C语言程序设计"
Option6.Caption = "C + 语言程序设计"
Option7.Caption = "Java语言程序设计"
Option8.Caption = "Web程序设计"
Option9.Caption = "Python语言程序设计"
Option10.Caption = "Access数据库程序设计"
Option11.Caption = "MySQL数据库程序设计"
'加载程序时二级考试选项不可见
Frame4.Visible = False
Frame3.Visible = False
Form1.Width = 6610         ' 设置窗体宽度
Frame2.Top = 240           '设置框架 2 显示的位置
Frame2.Left = 2160
End Sub
Private Sub Option1_Click()
```

```
Frame2.Visible = True
Frame3.Visible = False
Frame4.Visible = False
For i = 3 To 15                              '通过循环给多个单选按钮设置属性值
为false
    m = "option"
    Controls(m & i).Value = False            '清除所选内容
Next i
End Sub

Private Sub Option2_Click()
Frame2.Visible = False
Frame3.Visible = True
Frame4.Visible = True
For i = 3 To 15
    m = "option"
    Controls(m & i).Value = False            '清除所选内容
Next i
End Sub
Private Sub Command1_Click()
n = Chr(13) + Chr(10)
Text3.Text = ""
If Option1.Value = True Then
    x = Option1.Caption
Else
    x = Option2.Caption
End If
For i = 3 To 15
    m = "option"
    If Controls(m & i).Value = True Then
        y = y + Controls(m & i).Caption + "    "
        k = k + 1
    End If
Next i
If Option1.Value And k = 1 Or Option2.Value And k = 2 Then
   Text3.Text = Text1.Text + "同学，你报名参加的是计算机等级" + x +
"考试" + n + "身份证号为:" + Text2.Text + n + "所选课程为:" + y
Else
   MsgBox "还有课程没有选择"
End If
End Sub
```

运行程序，结果如图 4-6、图 4-7 所示。

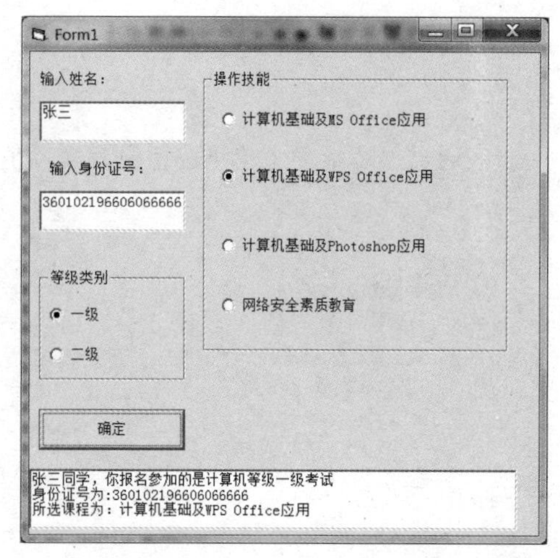

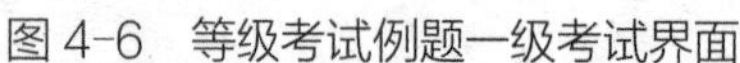
图 4-6　等级考试例题一级考试界面

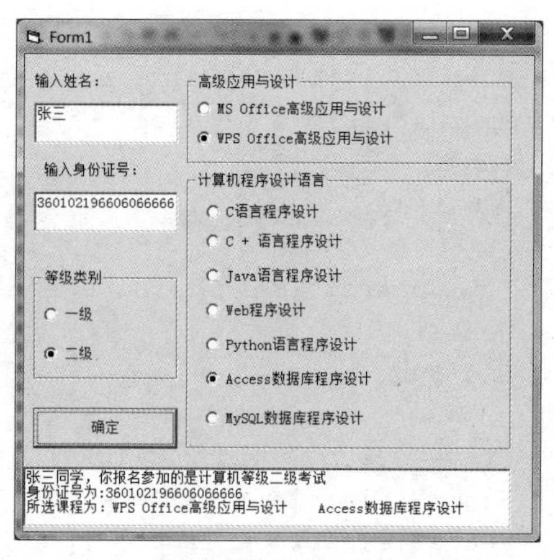

图 4-7　等级考试例题二级考试界面

对Option1或Option2进行各种各样的操作，建议尽量用控件数组来解决，会发现程序代码会简单很多。比如Option1(0)、Option1(1)、Option1(2)……那么括号里面的数字就可以用个变量来代替（如Option1(*i*)），只要把变量*i*从0循环递增，就能给整个控件数组执行同样的操作。

因为我们没有学习控件数组，所以可以这样解决：

```
m = "option"
Controls(m & 1)  '这个等价于Option1
Controls(m & 2)  '这个等价于Option2
```

在例中我们通过循环语句完成了对多个单选按钮的赋值，有关这方面的知识将在循环结构章节里进行介绍。

实例 4.5　设计一个窗体，用于选择江西旅游胜地，实例 4.5 运行结果如图 4-8 所示。

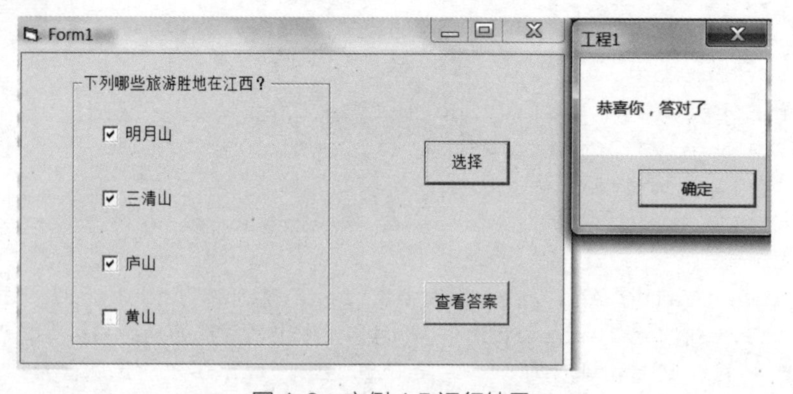

图 4-8　实例 4.5 运行结果

根据题意，单击“选择”控件可以判断是否选择正确，单击“查看答案”按钮可以查看正确结果。创建用户界面和设置控件属性，在这不再介绍。代码如下：

```
Private Sub Command1_Click()
If Check1.Value = 1 And Check2.Value = 1 And Check3.Value = 1
And Check4.Value = 0 Then
```

```
    MsgBox ("恭喜你，答对了")
Else
    MsgBox ("对不起，答错了！ ")
End If
End Sub

Private Sub Command2_Click()
MsgBox (" 正确答案是：明月山、三清山、庐山")
End Sub
```

四、上机实验

（1）设计一个在线报名系统，可以在线登记姓名、性别、电话、邮箱、学历和语言能力，单击“提交”按钮，可以把填写信息通过一个显示窗口显示出来，单击“清除”按钮，可以把填写信息清除。在线报名系统界面如图 4-9 所示，上机实验 1 运行结果如图 4-10 所示。

（2）在窗体上设置一个文本框，输入要显示的信息，通过选择按钮可以设置字体颜色和字体效果，上机实验 2 运行界面如图 4-11 所示。

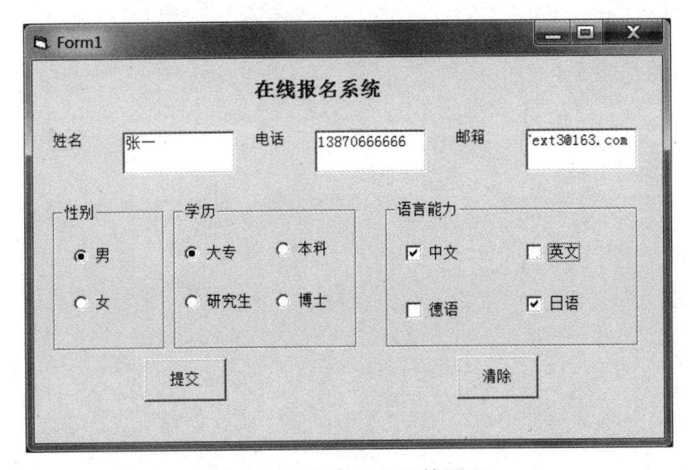

图 4-9　在线报名系统界面

图 4-10　上机实验 1 运行结果

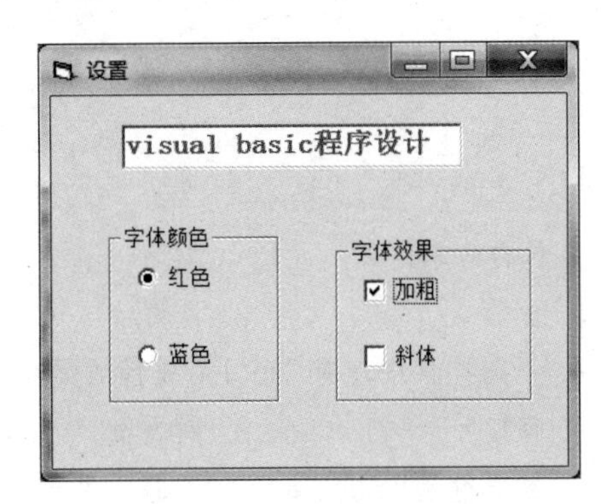

图 4-11　上机实验 2 运行界面

4.3 习题

一、选择题

1. 当输入5时，以下程序的输出结果是(　　)。

```
Private Sub Command1_Click(    )
x=InputBox(x)
If x^2<15 Then x=1/x
If x^2>15 Then x=x^2+1
Print x
End Sub
```

A. 4　　B. 25　　C. 18　　D. 25

2. 下面程序段：

```
Dim  x
If  x  Then  Print x+1  Else  Print x+2
```

运行后，显示的结果是(　　)。

A. 2　　B. 0　　C. -1　　D. 显示出错信息

3. 下面程序段：

```
Dim m
m=Int((Rn(D. +1)+5
Select Case  m
Case 6
Print"优秀"
Case 5
Print"良好"
Case 4
Print"通过"
Case Else
Print"不通过"
End Select
```

显示的结果是(　　)。

A. 优秀　　B. 良好　　C. 通过　　D. 不通过

4. 下列控件中没有Caption属性的是(　　)。

A. 框架　　B. 列表框　　C. 复选框　　D. 单选按钮

5. 复选框的Value 属性为1时，表示(　　)。

A. 复选框未被选中　　B. 复选框被选中

C. 复选框内有灰色的勾　　D. 复选框操作有误

6. 用来设置斜体字的属性是(　　)。

A. FontItalic　　B. FontBold　　C. FontName　　D. FontSize

7. 语句IF x=1 THEN y=1，下列说法正确的是(　　)。

A. X=1 和Y=1 均为赋值语句　　B. X=1 和Y=1 均为关系表达式

C. X=1 为关系表达式,Y=1 为赋值语句　　D. X=1 为赋值语句,Y=1 为关系表达式

8. 用IF语句表示分段函数,下列程序段正确的是(　　)。

$$f(x)=\begin{cases}\sqrt{x+1} & x>=1 \\ x^2+3 & x<1\end{cases}$$

A.
```
If x>=1 then f=sqr(x+1)
F=x*x+3
```

B.
```
If x>=1 then f=sqr(x+1)
If x<1 then f=x*x+3
```

C.
```
If x>=1 then f=sqr(x+1)
Else F=x*x+3
```

D.
```
If x>=1 then f=sqr(x+1)
else  f=x*x+3
```

9. 下面程序段求两个数中的大数，(　　)不正确。

A. Max=IIF(x>y,x,y)

B. Ifx>y then MAX=X ELSE MAX=Y

C.
```
MAX=X
IF Y>=X THEN MAX=Y
```

D.
```
IF Y>=X THEN MAX=Y
MAX=X
```

10. 计算分段函数的值，下面程序段中正确的是(　　)。

$$y=\begin{cases}0 & x<0 \\ 1 & 0\leqslant x<1 \\ 2 & 1\leqslant x<2 \\ 3 & x\geqslant 2\end{cases}$$

A.
```
If x<0 then y=0
If x<1 then y=1
If x<2 then y=2
If x>=2 then y=3
```

B.
```
If x>=2 then y=3
If x>=1 then y=2
If x>0 then y=1
If x<0 then y=0
```

C.
```
If x<0 then
    y=0
elseIf   x>0   then
y=1
elseif   x>1 then
y=2
else
y=3
endif
```

D.
```
If x>=2 then
    y=3
elseif x>=1 then
  y=2
elseif x>=0 then
  y=1
else
   y=0
endif
```

11. 框架内的所有控件是(　　)。

A. 随框架一起移动、显示、消失和屏蔽

B. 不随框架一起移动、显示、消失和屏蔽

C. 仅随框架一起移动

D. 随框架一起显示和消失

12. 复选框对象是否被选中，可由其(　　)属性判断。

A. Checked　　B. Value　　C. Enabled　　D. Selected

二、填空题

1. 设x为大于零的实数，则大于x的最小奇数的Visual Basic表达式是(　　)。

2. 若使框架不可见，则需要设置Visible属性的值为(　　)。

3. 设置框架上的文本内容需要使用(　　)属性。

4. 功能：窗体上建立了一个文本框Text1("输入口令")和一个命令按钮Command1("检查")。判断密码是否正确，并显示相应提示，在加载窗体时设置密码框最大长度为8，密码显示字符为“*”。

```
dim x as string
Private Sub Command1_Click()
x = Text1.Text
If x( )"12345678" Then
  MsgBox ("欢迎你使用本系统！")
Else
  MsgBox ("对不起，口令错")
End If
Text1.Text = ""
Text1.SetFocus
End Sub

Private Sub Form_Load()
Text1.Text = ""
'**********SPACE**********
Text1.( )= 8
Text1.( )= "*"
End Sub
```

5. 求A，B，C三个数的最大值。

```
Private Sub Command1_Click()
A = Val(Text1.Text)
( )
C = Val(Text3.Text)
If A > B And A > C Then
   MAXDATE = A
```

```
ElseIf ( )Then
   MAXDATE = B
Else
  ( )
End If
Label1.Caption = MAXDATE & "是最大值"
End Sub
```

6. 窗体上建立了两个文本框Text1(输入字符串)及Text2(转换结果)，一个命令按钮Command1("清除")。当录入Text1 内容时，将录入内容大写字母转为小写字母，小写字母转为大写字母。

```
Private Sub Command1_Click()
Text1.Text = ""
Text2.Text = ""
Text1.SetFocus
End Sub

Private Sub Text1_KexPress(KexAscii As Integer)
Dim s As String * 1
s =( )(KexAscii)
Select Case s
Case "A"( )"Z"
s = LCase(s)
Case "a" To "z"
s =( )
Case Else
s = "*"
End Select
Text2.Text = Text2.Text + s
End Sub
```

7. 功能：输入一个数，若大于0，则显示"+"；若小于0，则显示"-"；若等于"0",则显示"零"。

```
Private Sub Command1_Click( )
x = Val(Text1.Text)
Select Case x
( )
Label1.Caption = "+"
Case Is < 0
( )
( )
Label1.Caption = "零"
End Select
```

```
End Sub
```

8. 功能：输入任何一个英文字母x，

若x的值为"a","c","d-f"，则显示x的大写字母。

若x的值为"m","o","p-z"，则显示x的小写字母。

若x的值为其他的值，则显示xa(如输入的X的值是g，则显示ga)。

```
Private Sub Command1_Click()
x = Text1.Text
( )
Case ( )
Label1.Caption = UCase(x)
Case "m", "o", "p" To "z"
Label1.Caption = LCase(x)
Case Else
 ( )
End Select
End Sub
```

9. 在下列事件过程中，如果勾选复选框Check1，则文本变成斜体，如果勾选复选框Check2，则Text1 的背景色变成蓝色，否则变为黑色。

```
Private Sub Check1_Click( )
    If Check1.Value=1 Then
        Text1. FontItalic=( )
      Else
        Text1.FontItalic=False
      End  If
End Sub
Private Sub Check2_Click( )
     If Check2.Value=1 Then
        Text1.( )=vbBlue
      Else
        Text1.( )=vbBlack
      End  If
End Sub
```

如果选中单选框Option 1，则文本字体为宋体，如果选中单选框Option 2，则文本字体为黑体。其代码如下：

```
Private Sub Option1_Click( )
    Text1.FontName=( )
End  Sub
Private Sub Option2_Click( )
    Text1.FontName=( )
End  Sub
```

10. 功能：以下程序的功能为，单击窗体后，如果输入的数据分别为"W"，"8"和"？"时，窗体上显示的内容分别是：W is Alpha Character、8 is Numeral Character、？ is Other Character

```
Private Sub Form_Click()
Dim strC As String * 1
strC = InputBox("请输入数据")
Select Case ( )
Case "a" To "z"
   Print strC + " Is Alpha Character"
Case "0" To "9"
 Print strC + " Is Numeral Character"
( )Else
Print strC + " Is Other Character"
End Select
End Sub
```

11. 下面的事件过程判断文本框Text1中输入的数所在区间，并在文本框Text2中输出判断结果。

```
Private Sub Command1_Click()
Dim int1 As Integer
'**********SPACE**********
( )= Val(Text1.Text)
Select Case int1
Case 0
Text2.Text = "值为0"
'**********SPACE**********
Case  ( )
Text2.Text = "值在1和10之间(包括1和10)"
'**********SPACE**********
Case Is > ( )
Text2.Text = "值大于10"
Case Else
Text2.Text = "值小于0"
End Select
End Sub
```

三、程序阅读题

1. 输入成绩A，结果是(　　)。

```
Option Explicit
Private Sub Command1_Click()
Dim fs As String
```

```
fs = InputBox("读入成绩A~E！ ")
Select Case fs
Case "A": Print ">=90!"
Case "B": Print "80-89"
Case "C": Print "70-79"
Case "D": Print "60-69"
Case "E": Print "<60"
Case Else: Print "输入有错!!!"
End Select
End Sub
```

2. 下面程序段运行后输出的结果是(　　)。

```
x=Int(Rnd+3)
If x^2>8 Then x=x^2+1
If x^2=9 Then x=x^2-2
If x^2<8 Then x x^3
Print x
```

3. 下面程序段运行后输出的结果是(　　)。

```
Private Sub Command1_Click()
Dim a%, b%, c%, s%, w%, t%
a = -1: b = 3: c = 3
s = 0: w = 0: t = 0
If c > 0 Then s = a + b
If a <= 0 Then
    If c <= 0 Then
       w = a - b
       End If
Else
     If c > 0 Then w = a - b Else t = c
End If
c = a + b
Print a, b, c
Print s, w, t
End Sub
```

四、程序改错题

请对'**********FOUND**********语句下面的一条语句进行修改，不添加和删除语句，使程序正确。

1. 程序功能为求解一元二次方程的实根，请修正程序中的错误。

```
Option Explicit
Private Sub Form_Load()
```

```
Dim a!, b!, c!, root1#, root2#, work As Double
a = Val(InputBox(" 请输入系数a的值"))
b = Val(InputBox(" 请输入系数b的值"))
c = Val(InputBox(" 请输入系数c的值"))
'**********FOUND**********
work = b * 2 - 4 * a * c
If work >= 0 And a <> 0 Then
'**********FOUND**********
root1 = (Sqr(work)) / (2 * a)
 '**********FOUND**********
 root2 = (Sqr(work)) / (2 * a)
 Print "有两个实根" + Str$(root1) + "," + Str$(root2)
Else
   Print "无实根!"
End If
End Sub
```

2. 请根据下列描述编写购物优惠程序。某商场为了加速促成商品流通，采用购物打折的优惠方法，每位顾客一次购物：

(1)在100元以上者，按九五折优惠。

(2)在200元以上者，按九折优惠。

(3)在300元以上者，按八折优惠。

(4)在500元以上者按七折优惠。

```
'------------------------------------------------
Option Explicit
Private Sub Command1_Click()
    Dim x As Single, x As Single
    x = Val(Text1.Text)
    If x < 100 Then
        '**********FOUND**********
        y =- x
    Else
        If x < 200 Then
            x = 0.95 * x
        Else
            If x < 300 Then
                x = 0.9 * x
            Else
                If x < 500 Then
                    x = 0.8 * x
                Else
                    x = 0.7 * x
                '**********FOUND**********
```

```
                Else If
            End If
        End If
    End If
    '**********FOUND**********
      x=Text2.Text
End Sub
```

3. 题目：以下程序功能是输入三个数，由大到小排序。

```
Private Sub Command1_Click()
Option Explicit
 Dim A As Integer
Dim B As Integer
Dim C As Integer
Private Sub Form_Click()
 Dim nTemp As Integer
A = Val(InputBox("Please input first integer", "输入正整数"))
B = Val(InputBox("Please input second integer", "输入正整数"))
 C = Val(InputBox("Please input third integer", "输入正整数"))
  '**********FOUND**********
 If A <= C Then
    nTemp = A
    A = B
    B = nTemp
 End If
'**********FOUND**********
If B <= C Then
   nTemp = A
   A = C
   C = nTemp
End If
     '**********FOUND**********
If A <= B Then
   nTemp = B
    B = C
    C = nTemp
End If
Print "The integers in order is"; A; B; C
End Sub
```

第5章

循环结构程序设计

5.1 实验

一、实验目的

（1）掌握循环结构的程序设计，灵活使用各种循环语句。

（2）掌握For语句的使用方法。

（3）掌握Do {While|Untile} 两种循环的使用方法。

（4）掌握循环条件的控制，防止死循环或不循环。

（5）进一步掌握程序调试方法。

（6）掌握滚动条控件、计时器控件、图片框控件及图像框控件的常用属性、重要事件和基本方法。

二、知识介绍

1. For循环语句

For循环又称计数型循环，用于循环次数已知的场合。

（1）语句格式。

```
For 循环变量=初值 To 终值 [Step步长]
    <语句序列>
    [Exit For]
Next 循环变量
```

（2）使用说明。

① 循环变量：也称循环控制变量，必须为数值型。

② 初值、终值：为数值表达式，若值不是整数，系统会自动取整。

③ 步长：为数值表达式，既可为正数，也可为负数；若值不是整数，则系统会自动取整。

④ 当步长>0 时，作递增循环；当步长<0 时，作递减循环；步长不能为 0，否则会造成死

循环；当步长=1时，可省略Step子句。

⑤ 循环次数的计算公式：Int((终值-初值)/步长+1)。

⑥ Exit For：表示遇到该语句时，提前退出循环，执行Next后的下一条语句，允许在循环体内出现一次或多次该语句。

⑦ Next后面的循环变量与For语句中的循环变量必须相同，且两者必须成对出现。

⑧ 循环必须遵循“先检查，后执行”的原则，即先检查循环变量是否超过终值，然后决定是否执行循环。

2. Do循环语句

Do循环又称条件型循环，用于循环次数未知的场合。它具有很强的灵活性，可以根据需要决定是条件满足时执行循环体，还是先执行循环体，再判断条件是否成立。然后根据条件判断的结果决定是否再执行循环体。

(1)语句格式。

格式1：

```
Do <While | Until <条件表达式>>
       <语句序列>
       [Exit Do]
Loop
```

格式2：

```
Do
      <语句序列>
       [Exit Do]
Loop <While | Until <条件表达式>>
```

(2)使用说明。

① 格式1为先判断条件后执行循环体，有可能一次也不执行循环；格式2为先执行循环体后再判断条件，至少执行了一次循环。

② 条件表达式：为关系型或逻辑型，若为数值型，则以0表示False，非0表示True。

③ While用于条件为True时执行循环体，Until正好相反。

④ Exit Do：表示遇到该语句时，将强制提前结束循环，执行Loop后的下一条语句，该语句允许在循环体内出现一次或多次。

3. While循环语句

While循环也称当循环，也用于循环次数不确定，但控制条件可知的场合。它可以根据给定条件的成立与否决定程序的流程。

(1)语句格式。

```
While <条件表达式>
    <语句序列>
```

```
Wend
```

（2）使用说明。

① <条件表达式>：为关系型或逻辑型，若为数值型，则以 0 表示 False，非 0 表示 True。

② While 循环语句本身不能修改循环条件，所以必须在 While…Wend 语句的循环体内设置相应的语句，使整个循环趋于结束，以避免造成死循环。

③ 进入循环前，应为循环控制变量赋值，以使循环条件为真。

④ While 循环语句应先对条件进行判断，然后才决定是否执行循环体。如果开始条件就不成立，则循环体一次也不会执行。

⑤ While 循环可以嵌套，但每个 While 和最近的 Wend 相匹配，即不允许交叉嵌套。

4. 多重循环

循环体内又出现循环结构称为循环嵌套或多重循环。

注意：

- 内外循环变量不能同名；
- 外循环必须完全包含内循环，不能互相交叉。
- 计算多重循环的次数：每一重循环次数的乘积。

5. 使用循环结构时的常见错误

（1）不循环或死循环问题。主要是在循环条件、初值、终值及步长设置上有问题。

例如：以下循环语句不执行循环体

```
For i=10 To 20 Step -1  '步长为负，初值必须大于或等于终值，才能循环
For i=20 To 10          '步长为正，初值必须小于或等于终值，才能循环
Do While False          '循环条件永远不满足，不循环
```

（2）循环结构中缺少配对的结束语句。For 语句没有配对的 Next 语句，Do 语句没有一个终结的 Loop 语句，While 语句没有一个终结的 Wend 语句等。

（3）循环嵌套时，内外循环交叉或同名。以下的程序段都是错误的。

例如：

```
For j=1 To 5
    For k=2 To 8 '内外循环交叉
      …
    Next j
Next k
For i=1 To 5
    For i=2 To 8 '内外循环变量同名
      …
    Next i
Next i
```

循环若交叉，则程序运行时会出错，弹出信息提示窗口，显示“无效的Next控制变量的引用”。因此，外循环必须完全包含内循环，不得交叉。

（4）循环结构与If块结构交叉。

例如：

```
For i=1 To 4
    If 表达式 Then
        …
    Next i
End If
```

错误同上，运行时也会出错，弹出信息提示窗口。正确的应该为If结构的语句块完全包含循环结构，或者循环结构完全包含If结构。

6. 其他辅助语句

（1）GoTo语句。

语句格式：

```
GoTo <标号|行号>
```

将控制无条件地转移到标号或行号指定的语句行。标号是一个字符序列，首字符必须为字母，后应有冒号；行号是一个数字序列。

（2）Exit语句。在VB中，有多种形式的Exit语句，用于退出某种控制结构的执行，如Exit For、Exit Do、Exit Sub、Exit Function等。

（3）With语句。

语句格式：

```
With 对象
    语句块
End With
```

用于对某个对象执行一系列语句，而不用重复指出该对象的名称。

7. 滚动条控件

滚动条通常用来附在窗体上以帮助观察数据或确定位置，也可以作为数据输入的工具，广泛地用于Windows应用程序。

滚动条分为两种：水平滚动条和垂直滚动条。其默认的名称为HScrollX和VScrollX，其中X为1、2、3、…除了方向不同，水平滚动条和垂直滚动条的结构和操作相同。

（1）常用属性。

① Max。滚动条能表示的最大值，其取值范围为[-32768，32767]。当滚动条位于水平滚动条的最右端或垂直滚动条的最下端时所代表的值。

② Min。滚动条能表示的最小值，其取值范围为[-32768，32767]。当滚动条位于水平滚

动条的最左端或垂直滚动条的最上端时所代表的值。

③ LargeChange。单击滚动条中滑块前面或后面的部位时，Value增加或减少的量值。

④ SmallChange。单击滚动条两端的箭头时，Value增加或减少的量值。

⑤ Value。表示滑块在滚动条上的当前位置。若在程序中设置该值，则把滑块移到当前的位置。

⑥ 其他常用的基本属性，如Name、Enabled、Caption和Visible等。

(2)常用事件。

① Scroll事件。当在滚动条内拖动滑块时，就会触发Scroll事件(单击滚动箭头或滑块时不会触发Scroll事件)。

② 改变滑块的位置后就会触发Change事件。Scroll事件用于跟踪滚动条中滑块的动态变化，Change事件用来得到滚动条中滑块的值。

8. 图片框

(1)Picture属性。该控件要显示的图片由Picture属性决定。Picture属性可设置被显示的图片文件名(包括可选的路径名)。在代码中可用LoadPicture()在图片框中装载图形文件，其格式如下：

```
<图片框控件名>.Picture=LoadPicture("图形文件名")
```

(2)AutoSize属性。Picture控件可以用图片框AutoSize属性调整图片框的大小以适应图片的大小。当AutoSize设置True时，图片框能够自动调整大小与显示的图片相匹配；当AutoSize设置False时，图片框不能自动调整大小来适应其中的图片，加载到图片框中的图片保持原始尺寸，这就意味着如果图片比图片框大，则超过的部分将被剪裁掉。

9. 图像框

在窗体上使用图像框的步骤与图片框相同，很多属性都相同，只是图像框没有AutoSize属性，但有Stretch属性。

(1)当Stretch属性设置为False时，图像框可自动改变大小以适应其中的图片。

(2)当Stretch属性设置为True时，加载到图像框的图片可自动调整尺寸以适应图像框的大小。如果图像框内装入的图形较大，在Forme比较小的情况下，图像框的边界会被窗体的边界截断。

10. 计时器

(1)Interval属性。Interval属性返回或设置计时器控件的Timer事件响应所需间隔的毫秒(1毫秒为0.001秒)数。设置的时间间隔(以毫秒计)，在 Timer 控件 Enabled 属性设置为 True 时开始有效。

(2)Enabled属性。Enabled属性决定计时器控件是否有效。当Enabled属性值为True(默认值)时，激活计时器开始计时；当Enabled属性值为False时，计时器处于休眠状态、不计时。

(3)常用事件。计时器控件只有一个事件Timer，也就是控件对象在间隔了一个Interval设定的时间后所触发的事件。无论何时，只要计时器控件的 Enabled 属性被设置为 True 而且 Interval 属性大于 0，则 Timer 事件以 Interval 属性指定的时间间隔发生。

三、实验示例

实例 5.1 由随机数函数产生 1000 个 100~300 之间的整数，在文本框中输出能被 3 整除的数、被 3 整除的数的和及个数。

1. 题意分析

（1）判断一个整数能否被另一个整数整除，可以用关系运算来实现。

```
Int(x / n) = x / n 或  x / n = x \ n  或  x Mod n = 0
```

（2）循环仅作为产生 1000 个数的计数器，能满足 1000 次循环即可。

（3）在文本框中每行输出一个数，文本框的多行属性为“True”。使用字符串连接的方法将满足条件的数连接起来，具体连接方法：

```
t= t & x & vbCrLf   '每连接一个数在其后加一个回车换行符
```

2. 设计界面（图 5-1）

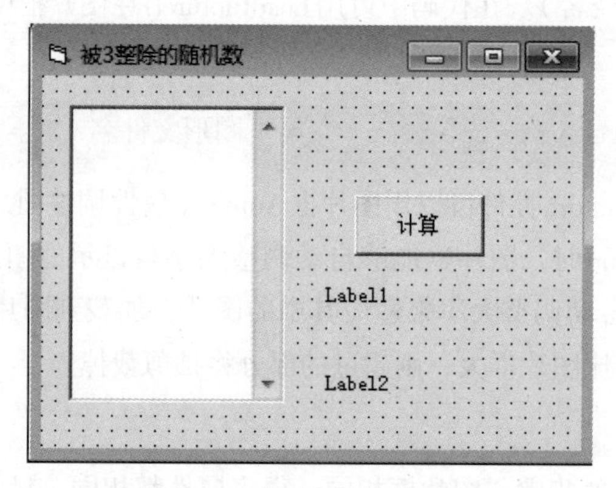

图 5-1　实例 5.1 设计界面

3. 设置属性（表 5-1）

表 5-1　对象属性

对象	Name 属性	Caption 属性	AutoSize 属性	MultiLine 属性	ScrollBars 属性
窗体	Form1	被 3 整除的随机数	无	无	无
文本框	Text1	无	无	True	2-Vertical
命令按钮	Command1	计算	无	无	无
标签框 1	Label1	默认	True	无	无
标签框 2	Label2	默认	True	无	无

4. 编写代码

```
Private Sub Form_Load()
```

```
    Text1.Text = "": Text1.FontSize = 16
    Label1.FontSize = 16: Label1.FontSize = 16
End Sub
```

（1）用For循环编程。

```
Private Sub Command1_Click()
    Dim s&, n%, t As String
    s = 0: n = 0
    Randomize
    For i = 1 To 1000
        x = Int(Rnd * 200 + 100)
        If x Mod 3 = 0 Then
            t = t & x & vbCrLf
            s = s + x
            n = n + 1
        End If
    Next i
    Text1.Text = t
    Label1.Caption = "这些数的和=" & s
    Label2.Caption = "能被 3 整除的数的个数=" & n
End Sub
```

（2）用Do While循环编程。

```
Private Sub Command1_Click()
    Dim s&, n%, t As String
    s = 0 :n = 0
    Randomize
    k = 1
    Do While k <= 1000
        x = Int(Rnd * 200 + 100)
        k = k + 1
        If x Mod 3 = 0 Then
            t = t & x & vbCrLf
            s = s + x
            n = n + 1
        End If
    Loop
    Text1.Text = t
    Label1.Caption = "这些数的和=" & s
    Label2.Caption = "能被 3 整除的数的个数=" & n
End Sub
```

（3）用Do Until循环只需将Do While k<=1000 改为 Do Utile Not k<=1000 即可。

5. 运行结果(图 5-2)

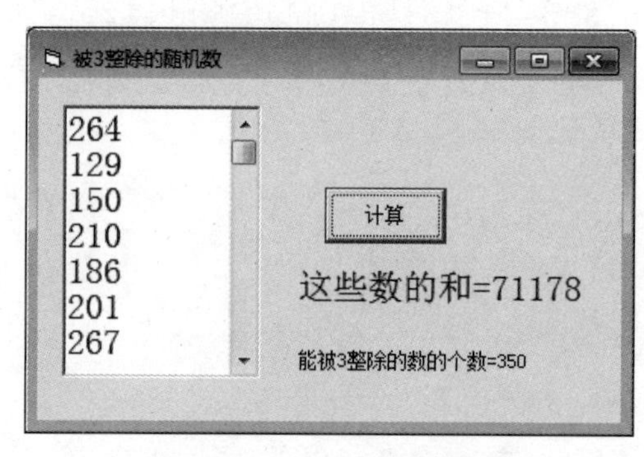

图 5-2 实例 5.1 运行结果

实例 5.2 设计一个调色板，通过滚动条调整显示区域的颜色。

分析：要改变颜色，我们最常用的方法是调用RGB函数，函数的3个参数的值由滚动条获得，即RGB(HScroll1.Value, HScroll2.Value, HScroll3.Value)。

(1)设计界面。在窗体上建立3个水平滚动条、3个标签、1个框架和1个文本框。设置属性见表5-2所列。

表 5-2 设置属性

控件名	属性名	属性值
Label1	Caption	红色值:
Label2	Caption	绿色值:
Label3	Caption	蓝色值:
HScroll1、HScroll2、HScroll2	Max	255
	Min	0
	SmallChange	5
	LargeChabge	10
	Value	0
Text	BackColor	
Frame	Caption	颜色区

(2)设置属性(表5-2)。界面如图5-3所示。

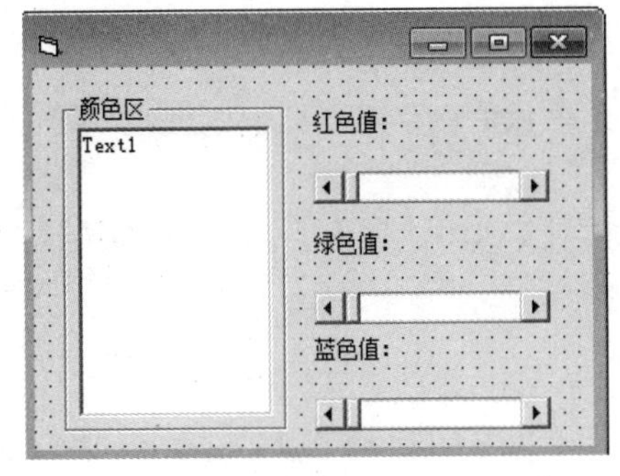

图5-3　实例5.2设计界面

（3）编写代码。

```
Private Sub Form_Load()
    Text1.BackColor = RGB(HScroll1.Value, HScroll2.Value,
HScroll3.Value)
    Label1.Caption = "红色值:" & HScroll1.Value
    Label2.Caption = "绿色值:" & HScroll2.Value
    Label3.Caption = "蓝色值:" & HScroll3.Value
End Sub

Private Sub HScroll1_Change()
    Text1.BackColor = RGB(HScroll1.Value, HScroll2.Value,
HScroll3.Value)
    Label1.Caption = "红色值:" & HScroll1.Value
End Sub

Private Sub HScroll1_Scroll()
    Text1.BackColor = RGB(HScroll1.Value, HScroll2.Value,
HScroll3.Value)
    Label1.Caption = "红色值:" & HScroll1.Value
End Sub

Private Sub HScroll2_Change()
    Text1.BackColor = RGB(HScroll1.Value, HScroll2.Value,
HScroll3.Value)
    Label2.Caption = "绿色值:" & HScroll2.Value
End Sub

Private Sub HScroll2_Scroll()
    Text1.BackColor = RGB(HScroll1.Value, HScroll2.Value,
HScroll3.Value)
    Label2.Caption = "绿色值:" & HScroll2.Value
End Sub
```

```
Private Sub HScroll3_Change()
    Text1.BackColor = RGB(HScroll1.Value, HScroll2.Value,
HScroll3.Value)
    Label3.Caption = "蓝色值:" & HScroll3.Value
End Sub

Private Sub HScroll3_Scroll()
    Text1.BackColor = RGB(HScroll1.Value, HScroll2.Value,
HScroll3.Value)
    Label3.Caption = "蓝色值:" & HScroll3.Value
End Sub
```

（4）实例 5.2 运行结果如图 5-4 所示。

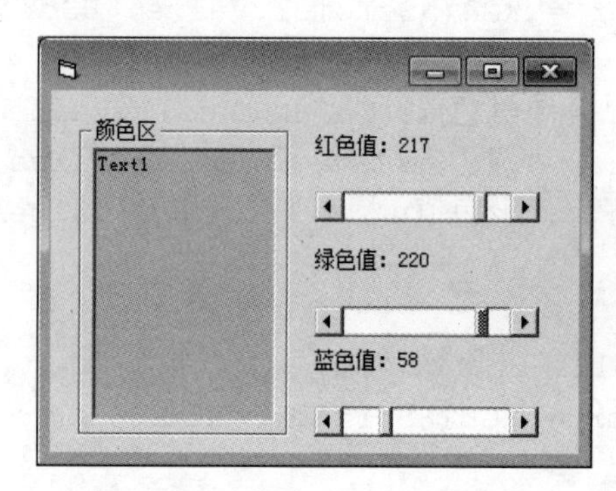

图 5-4　实例 5.2 运行结果

实例 5.3 实现图片从左边切入的效果。

1. 题意分析

为了实现切入效果，考虑使用PaintPicture方法实现切入的效果。

2. 设计界面（图 5-5）

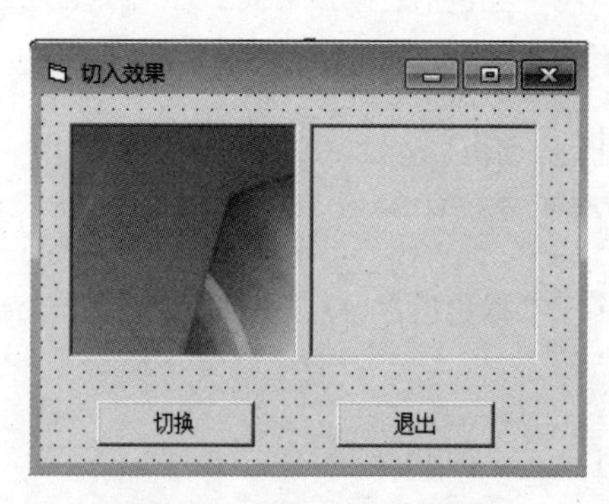

图 5-5　实例 5.3 设计界面

3. 设置属性（表5-3）

表5-3 设置属性

控件名	属性名	属性值
Form	Name	Form1
	Caption	切入效果
CommandBottom	Name	Command1
	Caption	切换
CommandButton	Name	Command2
	Caption	退出
PictureBox	Name	Picture1
	Picture	C:\Windows\Gone Fishing.bmp
PictureBox	Name	Picture2
	Picture	None

4. 编写代码

```
Const vbsrccopy = &HCC0020
Private Sub Command1_Click()
 On Error Resume Next
 Dim i, cnum As Long
 Picture2.Visible = True
 Picture2.Width = Picture1.Width
 Picture2.Height = Picture1.Height
 cnum = Picture1.Width
 For i = 0 To cnum Step 10
  For j = 0 To cnum / 100
   Picture2.PaintPicture Picture1, i, 0, j, Picture1.Height, _
    i, 0, j, Picture1.Height , vbsrccopy
  Next j
 Next i
End Sub
Private Sub Command2_Click()
 End
End Sub
```

5. 运行结果(图 5-6)

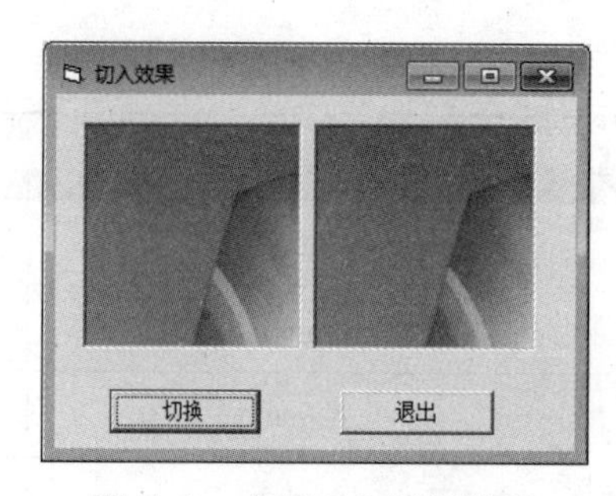

图 5-6　实例 5.3 运行结果

四、上机实验

(1)计算 2+4+6+…+100 之和。

(2)在窗体上输出如图 5-7 所示的“数字金字塔”。

(3)求自然对数 e 的近似值，要求其误差小于 0.00001，近似公式为：e=1+1/1!+1/2!+1/3!+…+1/*n*!+ …

> 提示：先求连乘 *i*！，再将 1/*i*！累加。循环次数预先未知，可根据某项 1/*i*！的值是否达到要求的精度决定循环与否。

(4)用两重循环显示如图 5-8 所示的结果。

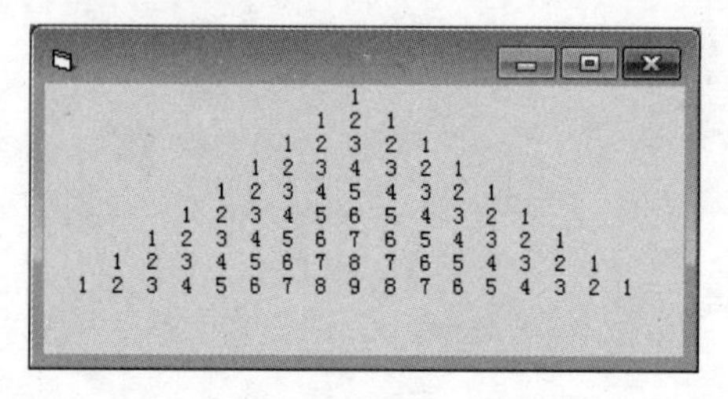

图 5-7　上机实验 2 运行界面

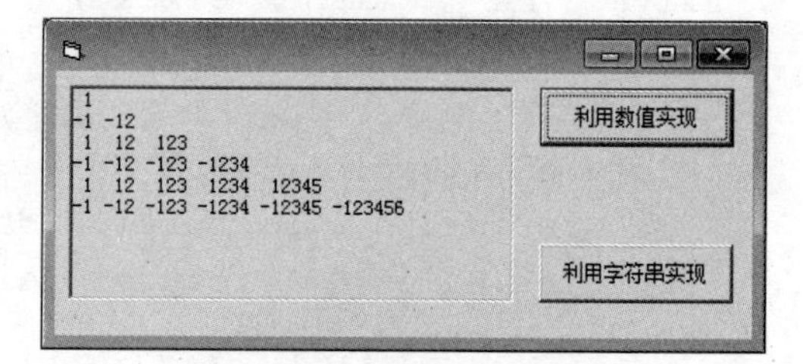

图 5-8　上机实验 4 运行界面

> 提示：
>
> 方法一：利用数值实现，将各列列号通过运算连接起来。
>
> 方法二：利用字符串不断地截取子串。

(5)有一数列，它的头三项为 0，0，1，以后的每个数都是其前三个数的和。编程在窗体上每行输出 5 个数，输出此数列，直到最后一个数超过 1010 为止。上机实验 5 运行界面如图 5-9 所示。

> 提示：设置三个变量表示数列中相邻的三项，输出每个新项后，用赋值的方法重新对三个变量赋值。每行输出 5 个数可以设置一个统计输出项数的计数器，判断当每行输满 5 个后换行输出。

（6）找出 1~1000 之间的全部“同构数”。“同构数”是指一个数出现在其平方的右端。如 1 在 $1^2=1$ 的右端，5 在 $5^2=25$ 的右端，25 在 $25^2=625$ 的右端等。上机实验 6 设计界面如图 5-10 所示。

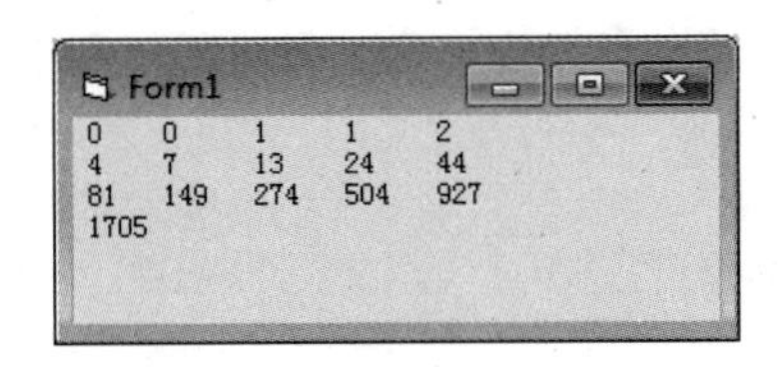

图 5-9　上机实验 5 运行界面

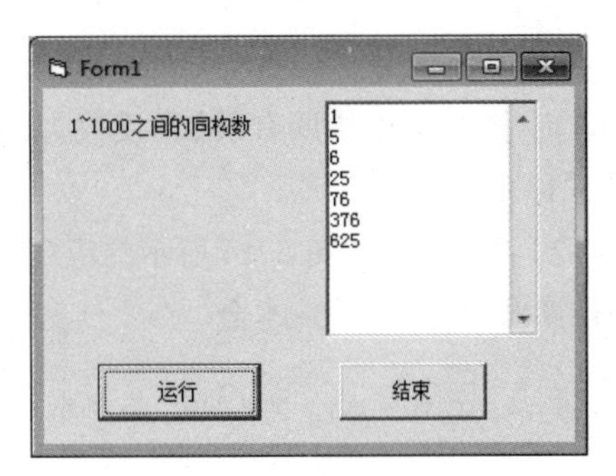

图 5-10　上机实验 6 设计界面

提示：一个一位数的同构数的条件是 N=N^2 Mod 10 为 True，一个两位数的同构数条件是 N=N^2 Mod 100 为 True，一个三位数的同构数条件是 N=N^2 Mod 1000 为 True。

（7）用 For 循环和 Do 循环在文本框中每行输出一个 100~300 之间被 3 除余 2、被 5 除余 3、被 7 除余 2 的数，在图形框中输出其和及个数。程序设计界面如图 5-11 所示。若要求文本框每行输出 5 个数，如何设计界面和程序？

（8）编程计算由下列公式确定的 S 值，其中 n 是用户输入的正整数，n 可由 InputBox 函数或文本框输入。注意选用合适的变量类型，界面用户自行设计。

① $S=1^2+2^2+3^2+\cdots+n^2$

② $S=2/1+3/2+5/3+8/5+13/8+21/13\cdots\cdots$

③ $S=1+(1\times2)+(1\times2\times3)+\cdots+(1\times2\times3\times\cdots\times n)$

④ $S=4\times(1-1/3+1/5-1/7+1/9-\cdots+(-1)^{n-1}\times(1/(2n-1)))$

⑤ $S=1-1/2+1/3-1/4+\cdots\cdots+1/99-1/100+\cdots+(-1)^{n-1}\times1/n$

（9）规范文章：对输入的任意大小写文章进行整理，规则是：所有句子开头（句子结束符为。？！）为大写字母，其他都是小写字母。上机实验 9 运行界面如图 5-12 所示。

提示：必须设置一个变量，存放当前处理的字符的前一个字符，来判断前一个字符是否为句子结束符。

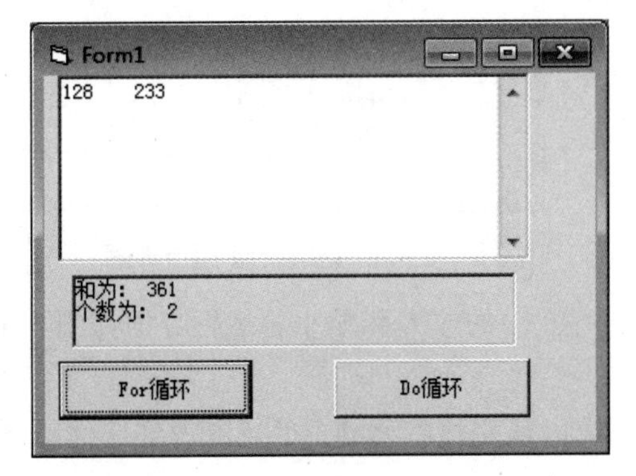

图 5-11　上机实验 7 设计界面

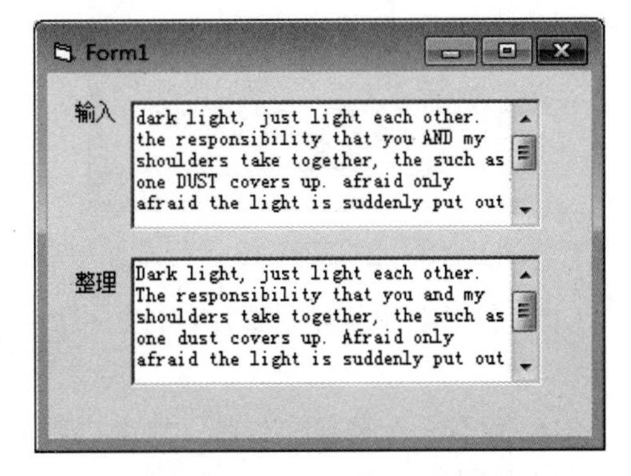

图 5-12　上机实验 9 运行界面

（10）用迭代方法求任意一个正数的平方根，计算精度为 10^{-5}（误差不超过 10^{-5}）。求平方根的迭代公式为：

$$X_{n+1} = (X_n + a/X_n)/2$$

（11）求 3~1000 中所有素数（质数），素数也就是只有 1 和该数本身能整除该数。运行界面如图 5-13 所示。

（12）设计一个如图 5-14 所示的应用程序，当通过滚动条改变本金、月份或年利率时，能立即计算出利息及利息+本金。

提示：本息=本金×(1+(年利率/100)×(月份数/12))

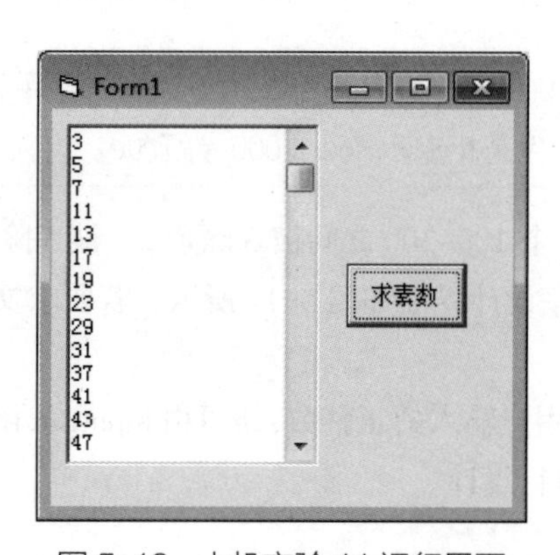

图 5-13 上机实验 11 运行界面

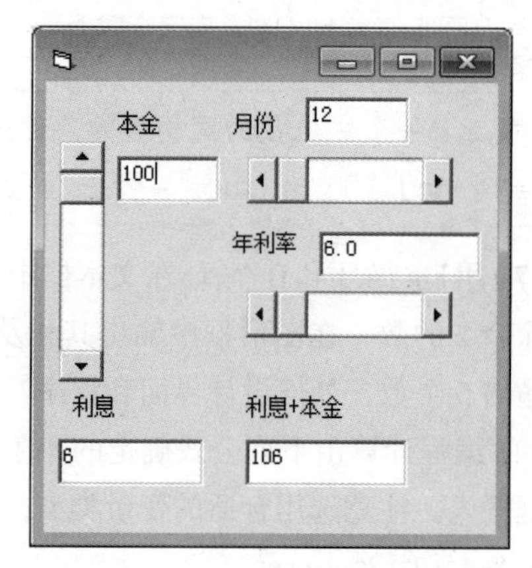

图 5-14 上机实验 12 运行界面

（13）设计一个应用程序，实现显示当前距离的功能，如图 5-15 所示。

提示：当将滚动条的滑块移动到最左边时，文本框中显示 0 米，移动到最右边时，文本框中显示 1000 米，单击“结束”按钮时，结束程序。

（14）编写一个一分钟倒计时的应用程序，界面如图 5-16 所示。

图 5-15 上机实验 13 运行界面

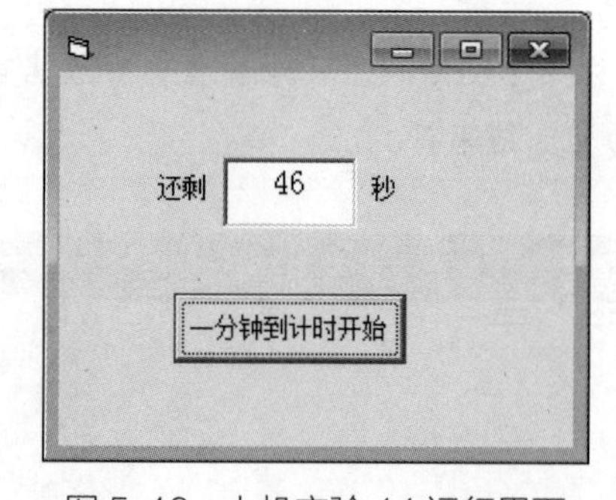

图 5-16 上机实验 14 运行界面

（15）利用滚动条控制图片(可以自己选择任一图片)的放大和缩小。运行界面如图 5-17 所示。

（16）设计一个公益广告牌，要求广告词在窗体内从左往右移动，并不断改变字体颜色。运行界面如图 5-18 所示。

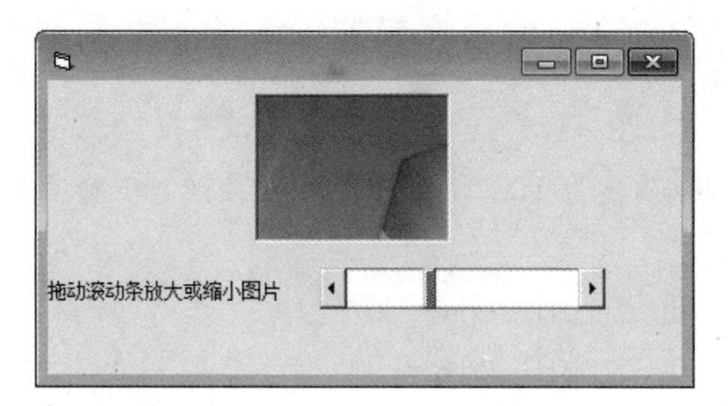

图 5-17　上机实验 15 运行界面

图 5-18　上机实验 16 运行界面

5.2 习题

一、选择题

1. 可以使用________属性在图片框或图像框中显示图形。

A. Picture　　B. Image　　C. Icon　　D. DownPicture

2. 若要获得滚动条的当前位置，可以通过访问________属性来实现。

A. Value　　B. Max　　C. Min　　D. LargeChange

3. 单击“命令”按钮执行下列程序后，在文本框中显示的值是__________。

```
Private Sub Command1_Click()
        Dim i As Integer, n As Integer
        For i = 1 To 50
            i = i + 3
            n = n + 1
            If i > 10 Then Exit For
        Next i
        Text1 = Str(n)
End Sub
```

A. 2　　B. 3　　C. 4　　D. 5

4. 单击窗体执行下列程序后，在窗体上输出的值是__________。

```
Private Sub Form_Click()
        Dim x As Integer, n As Integer
        x = 1
        n = 0
        Do While x < 28
            x = x * 3
            n = n + 1
        Loop
        Print x; n
```

```
End Sub
```

A. 81　4　　B. 56　3　　C. 28　1　　D. 243　5

5. 设有名称为VScroll1 的垂直滚动条，其Max属性为 100，Min属性为 50，则能正确设置滚动条Value属性值的语句是____。

A. VScroll1.Value=100　　B. VScroll1.Value=30

C. VScroll1.Value=4*30　　D. VScroll1.Value=-50

6. 在窗体上画一个文本框和一个计时器控件，名称分别为Text1 和Timer1，在属性窗口中，把计时器的Interval属性设置为 1000，Enabled属性设置为False。程序运行后，如果单击“命令”按钮，则每隔一秒在文本框中显示一次当前的时间。以下是实现上述操作的程序：

```
Private Sub Command1_Click()
        Timer1.__________
End Sub
Private Sub Timer1_Timer()
        Text1.Text = Time
End Sub
```

Timer1 控件的属性及值为 ______

A. Enabled=True　　B. Enabled=False　　C. Visible=True　　D. Visible=False

7. 单击“命令”按钮执行下列程序后，x的输出结果是__________。

```
    Private Sub Command1_Click()
        For i = 1 To 4
            x = 4
            For j = 1 To 3
                x = 3
                For k = 1 To 2
                    x = x + 6
                Next k
            Next j
        Next i
        Print x
End Sub
```

A. 7　　B. 15　　C. 157　　D. 538

8. 以下__________是正确的For…Next循环结构。

A. For x = 1 To Step 10
　　…
　Next x

B. For x = 3 To -3 Step -2
　　…
　Next x

C. For x = 10 To 1 Step 0
　　…
　Next x

D. For x = 3 To 10 Step　2
　　…
　Next y

9. 下列循环语句能正常结束的是________。

A. i = 3
```
   Do
       i = i + 1
   Loop Until i < 0
```
B. i = 1
```
   Do
       i = i + 2
   Loop Until i = 10
```
C. i =10
```
   Do
       i = i - 2
   Loop Until i = 1
```
D. i = 10
```
   Do
       i = i - 2
   Loop Until i < 0
```
10. 下列可以把C盘根目录下的图形文件xxl.jpg装入图片框中的语句为______。

A. picture="xxl.jpg "

B. picturel．handle="xxl.jpg "

C. picturel．picture=LoadPicture("c:\xxl.jpg ")

D. picturel=LoadPicture("pic1.jpg")

11. 单击窗体，下列程序的运行结果是__________。

```
    Private Sub Form_Click()
        Dim i As Integer, j As Integer
        For i = 3 To 1 Step -1
            Print Spc(9 - 3 * i);
            For j = 1 To 2 * i - 1
                Print " * ";
            Next j
            Print
        Next i
End Sub
```

A.
```
    *
  * * *
* * * * *
```
B.
```
* * * * *
  * * * *
    *
```
C.
```
* * * * *
* * * * *
* * * * *
```
D.
```
* * * * *
  * * * * * *
    * * * * * *
```
12. 执行下面的程序段的三重循环后，x的值为__________。

```
    Dim i%, j%, k%
     For i = 1 To 2
         For j = 1 To i
             For k = j To 2
                 x = x + 1
             Next k
         Next j
```

```
    Next i
```

A. 3　　B. 4　　C. 5　　D. 6

13. 以下程序段的输出结果为________。

```
   x = 2
    y = 8
    Do Until y > 8
        x = x * y
        y = y + 1
    Loop
    Print x
```

A. 2　　B. 9　　C. 10　　D. 16

14. 为了暂时关闭计时器，应把该计时器的某个属性设置为False，这个属性是______。

A. Enabled　　B. Timer　　C. Visible　　D. Interval

15. 时钟控件的时间间隔是______。

A. 以毫秒计　　B. 及以分钟计　　C. 以秒计　　D. 以小时计

16. 设计动画时通常使用时钟控件______来控制动画速度。

A. Enabled　　B. Interval　　C. Timer　　D. Move

17. 程序运行时，单击水平滚动条右边的箭头，滚动条的Value属性值将______。

A. 增加一个SmallChange量　　B. 减少一个SmallChange量

C. 增加一个LargeChange量　　D. 减少一个LargeChange量

18. 在程序运行时，如果拖动滚动条上的滚动块，则触发的事件是______。

A. Move　　B. GetFocus　　C. Scroll　　D. Change

19. 计时器控件，如果希望每秒产生10个事件，则要将Interval属性的值设置为______。

A. 10　　B. 100　　C. 1000　　D. 10000

20. 在窗体上画两个文本框Text1和Text2，一个命令按钮Command1，然后编写如下事件过程：

```
   Private Sub Command1_Click()
       x = 1
       Do While x < 50
          x = (x + 1) * (x + 2)
          n = n + 1
       Loop
       Text1.Text = Str(n)
       Text2.Text = Str(x)
End Sub
```

程序运行后，单击“命令”按钮，在两个文本框中显示的值分别为______。

A. 1 和 0　　B. 2 和 56　　C. 3 和 7　　D. 4 和 168

21. 语句“For i = n1 To n2 Step n3”的循环体内有下列四条语句，其中语句______会影响循环执行的次数。

(1)n1 = n1 + i　(2)n2 = n2 + n3　(3)i = i + n3　(4)n3 = 2 * n3

A.(1)(2)　B.(1)(2)(3)　C.(3)　D.(3)(4)

22. 对于Do Until …Loop循环，下列说法正确的是__________。

A. 如果循环条件为常数0，则为死循环

B. 如果循环条件为常数0，则循环一次也不执行

C. 如果循环条件是不为0的常数，则至少执行一次循环

D. 无论循环条件是否为True，都至少执行一次循环

23. 要在Do…Loop循环中退出循环，应使用的语句是__________。

A. Exit　B. Exit Do　C. Continue　D. Stop

24. 在以下循环结构中，VB不支持的是__________。

A. For…Next　B. Do…Loop　C. While…Wend　D. Do…Enddo

25. 下列关于FOR循环的说法中，正确的是__________。

A. 循环变量、初值、终值和步长都必须是数值型

B. Step后面的值必须为正数

C. 初值必须小于终值

D. 初值必须大于终值

26. 下列关于Do…Loop语句的叙述中，不正确的是__________。

A. Do…Loop语句采用逻辑表达式来控制循环体执行的次数

B. Do While…Loop语句与Do Until…Loop语句中While与Until后面的表达式值为True或非0时，循环继续

C. Do…Loop While与Do…Loop Until 语句都至少执行一次循环

D. Do While…Loop语句与Do Until…Loop语句可能不执行循环

27. 下面的循环执行时，将__________。

```
For i = 1 To 10 Step 0
    Print i
Next i
```

A. 仅循环一次　B. 形成死循环

C. 一次也不循环　D. 语法错误

28. 对于For循环中的初值、终值、步长，下列说法中，正确的是__________。

A. 只能是具体的数值　B. 只能是表达式

C. 可以是数值表达式　D. 可以是任何类型的表达式

29. 在下面的程序中，循环共执行__________次。

```
Dim a%
a = 0
For i = 1.7 To 5.9 Step 0.9
    a = a + 1
    Print a
```

```
    Next i
```

A. 3　　B. 4　　C. 5　　D. 6

30. 以下程序段的循环次数为________。

```
For i = 1 To 3
    For j = 5 To 1 Step -1
        Print i * j
    Next j
Next i
```

A. 15　　B. 16　　C. 17　　D. 18

31. 执行以下程序后，x的值为______。

```
Dim x%, i%
x = 5
For i = 1 To 20 Step 2
    x = x + i \ 5
Next i
```

A. 24　　B. 23　　C. 22　　D. 21

二、填空题

1. 若要设置当用鼠标单击两个滚动箭头之间区域的滚动幅度，需使用______属性。

2. 若要设置水平或垂直滚动条的最小值，需使用______属性。

3. 以下程序用来从输入的字符串中提取英文字母，并按输入顺序显示在窗体上，如输入"1A2B3C4D"，则提取的字符串为"ABCD"。请将程序补充完整。

```
Private Sub Form_Click()
    Dim s$, t$, d$, n%, i%
    s = Trim(InputBox("请输入数字和英文混合的字符串"))
    t = ""
    n =
    For i = 1 To n
        d = Mid(s, i, 1)
        If           >= "A" And            <= "Z" Then
    Next i
    Print "输入的字符串为："; s
    Print "提取的字符串为："; t
End Sub
```

4. 计时器每经过一个由Interval属性指定的时间间隔，就会触发一次______事件。

5. 下列程序段运行后t的值为________。

```
Dim t%, k%
k = 5
```

```
t = 1
    Do While k >= -1
        t = t * k
k = k - 1
    Loop
```

6. 以下的程序用来输出100~200间不能被3整除的数字并统计个数，请补充完该程序。

```
    Private Sub Command1_Click()
        Dim x%, i%
        x = 100
        Do Until
            If              Then
                Print x
                i = i + 1
            End If

        Loop
        Print "100~200之间不能被3整除的数的个数为:"; i
End Sub
```

7. 若使图片框自动调整大小以适应装入的图形，则要设置Autosize属性的值为______。

8. 执行下面程序段后，变量x的值为________。

```
    Dim x As Integer
     x = 5
     For i = 1 To 20 Step 3
         x = x + i \ 5
     Next i
```

9. 执行下面程序后，输出的结果是________。

```
    Private Sub Form_Click()
        For i = 0 To 3
            Print Tab(5 * i + 1); "2" + i; "2" & i;
        Next i
End Sub
```

10. 要使下列For语句循环执行10次，则循环变量的初值应当是________。

```
For i = __________ To -5 Step -2
```

11. 图片框内可使PictureBox根据图片调整大小的属性为______；图像框为______，若使Image控件可根据图片调整大小，该属性值应为______。

12. 执行______语句，可以清除Picture1图片框内的图片。

13. 以下的程序用来计算s=1/1+1/3+1/5+…直到累加项小于10^{-4}，请将程序补充完整。

```
    Private Sub Command1_Click()
```

```
        Dim n%, s!
        s = 0

        While 1 / n >= 10 ^ (-4)
            s = s + 1 / n


        Print "累加到第"; n; "项"
        Print "累加和为:"; s
End Sub
```

14. 滚动条响应的重要事件有_______和Change，滚动条产生Change事件是因为其值变了。

15. 如果要每隔15s产生一个计时器事件，则Interval属性应设置为_______。_______函数将返回系统的时间。

16. 输入任意长度的字符串，要求将字符顺序倒置，例如将输入“ABCDE”变换成“EDCBA”。

```
Private Sub Command1_Click()
        Dim a$, n%, i%, c$, d$
        a = InputBox("请输入字符串")
        n =
        d = ""
        For i = 1 To
            c = Mid(a, i, 1)

        Next i
        Print d
End Sub
```

17. 从键盘输入一个正整数，找出小于或等于该数的第一个素数。

```
Private Sub Form_Click(     )
        Dim m%, i%, j%, f As Boolean
        m = Val(InputBox("请输入一个大于10的正整数"))
        For i =

            For j = 2 To
If i Mod j = 0 Then
                    f = False

                End If
            Next j
If f = True Then
                Print "要找的第一个素数是:"; i

                ___________
```

```
            End If
        Next i
End Sub
```

18. 为了在运行时把当前路径下的图形文件picturefile.jpg装入图片框Picture1，所使用的语句为 ____________。

19. 若要清除当前窗口的文本内容，则使用的方法是______；若要清除立即窗口的文本内容，则使用的方法为______；若要清除图片框Picture1 的图形或文本，则使用的方法为____________。

20. 下列程序的功能是单击“命令”按钮后从键盘输入变量*n*的值，然后计算并打印 1+2+…+*n*的值，如果和已经大于 1000 则停止计算。最终的输出结果为“1+2+3+…+45=1035”，其中的 45 由变量的值得到。

```
Private Sub Command1_Click()
        Dim i As Integer, n As Integer, s As Integer
        i = 0
        s = 0
        n = InputBox("请输入大于 90 的整数n")
        Do While
            i = i + 1
            s = s + i
        Loop

End Sub
```

第6章 数组

6.1 实验

一、实验目的

（1）掌握数组的声明和数组元素的引用。

（2）掌握静态数组和动态数组的使用方法。

（3）掌握控件数组的建立与使用方法。

二、本实验知识点

1. 数组

数组并不是一种数据类型，而是将一组具有相同属性、类型的变量放在一起，用一个统一的名字（数组名），下标（索引号）不同的一组下标变量组成的集合。

2. 数组元素

数组元素表示数组中的变量，并用下标表示数组中的各个元素。数组元素的个数称为数组的长度（大小）。

3. 下标

下标表示顺序号，每个数组有唯一的顺序号，下标不能超过数组声明时的上、下界范围。下标由圆括号括起来。下标可以是整型的常数、变量、表达式，甚至是一个数组元素。

4. 下标的取值范围

下标的取值范围是：下界 To 上界，当省略下界时，系统默认为 0。

5. 数组维数

数组维数由数组元素中下标的个数决定，一个下标表示一维数组，两个下标表示二维数组。

6. 数组的声明

数组可以声明为任何基本数据类型的数组，包括用户自定义类型，一个数组中的所有元素一般具有相同的数据类型。

（1）静态一维数组的定义格式如下：

```
说明符 数组名(下标)[As 类型]
```

（2）静态二维数组的定义格式如下：

```
说明符 数组名(下标1,下标2)[As 类型]
```

7. 创建动态数组

动态数组的声明与创建需要两步。

（1）使用Dim、Private或Public语句声明括号内为空的数组。

```
Dim | Private | Public 数组名()[As <数据类型>]
```

（2）在过程中用ReDim语句指明该数组的大小。

```
ReDim [<Preserve>] 数组名([<下界>to]<上界>[,[<下界>to]<上界>,…])
[As 数据类型]
```

8. 控件数组

控件数组由一组相同类型的控件组成，它们具有以下特点：

具有相同的控件名（控件数组名），并以下标索引号（Index，相当于一般数组的下标）来识别各个控件。每一个控件称为该控件数组的一个元素，表示为：

```
控件数组名(索引号)
```

控件数组至少应有一个元素，最多可达32767个元素。第一个控件的索引号默认为0，也可以是一个非0的整数。

9. 列表框

列表框是Windows应用程序的常用控件，列表框可事先将一些选项以列表的形式设置好，在程序运行时显示出来，供用户从中选择一项或多项进行操作，即列表框中的内容只能供用户选择，不能用键盘输入选择。当列表项内容超出所画列表框控件的区域时，VB会自动在列表框控件上添加滚动条。

10. 组合框

组合框是文本框和列表框的组合，兼有两者的功能，用户既可以在其列表框部分选择一个列表选项，也可以在文本框中输入文本。另外，组合框可以将列表框选项折叠起来，使用时再通过下拉列表进行选择，所以使用组合框比列表框更能节省界面空间，而且组合框不支持多列显示。

三、实验示例

实例 6.1 通过InputBox输入10个正整数，将这些正整数存放在一个数组内，求出数组中的最大值、最小值和平均值，并输出数组中的全部数据。

1. 设计界面

在窗体上创建一个Command按钮，设置Caption属性为“统计”。

2. 编写代码

```
Private Sub Command1_Click()
    Dim a(1 To 10) As Integer
    Dim max%, min%, sum%, i%
    Print "数组元素是：";
    For i = 1 To 10
        a(i) = InputBox("输入第" & i & "个数")
        Print a(i);
    Next i
    max = a(1)
    min = a(1)
    sum = 0
    For i = 1 To 10
        sum = sum + a(i)
        If max < a(i) Then max = a(i)
        If min > a(i) Then min = a(i)
    Next i
    Print
    Print "最大值是：" & max
    Print "最小值是：" & min
    Print "平均值是：" & sum / 10
End Sub
```

3. 运行结果

运行结果如图6-1所示。

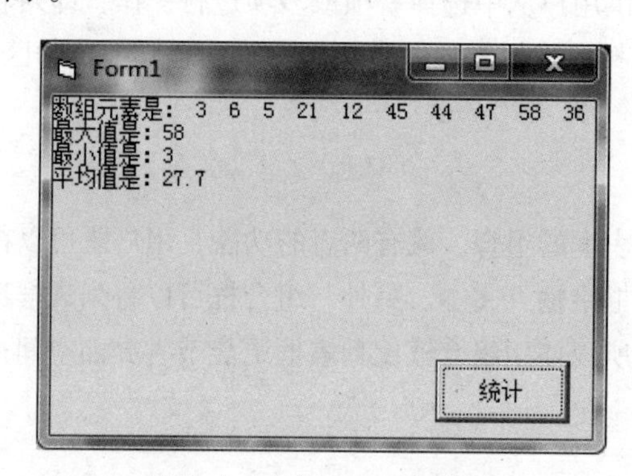

图6-1 实例6.1运行结果

实例 6.2 编写电话号码管理程序。若选择人员类型，则在电话号码处出现各个人的电话号码。

1. 设计界面

在窗体上添加 2 个组合框控件，2 个标签控件，设置属性见表 6-1 所列。

表 6-1 设置属性

对象	属性	属性值
Label1	Caption	人员类型
Label2	Caption	电话号码
Combo1	Style	2
Combo2	Style	2

2. 编写代码

```
Dim Psort()
Dim Tel(10)
Private Sub Combo1_Click()
Dim i, j As Integer
Combo2.Clear
i = Combo1.ListIndex
l = LBound(Tel(i))
u = UBound(Tel(i))
For j = l To u
      Combo2.AddItem Tel(i)(j)
Next j
Combo2.ListIndex = 0
End Sub

Private Sub Form_Load()
Dim i As Integer
Psort = Array("朋友", "同事", "同学", "亲戚")
Tel(0) = Array("张小鹏 8235767", "李明 8245768", "王艳 8265367", "
徐峰 8237561", "石进 8269715")
Tel(1) = Array("王晓东 8258376", "齐心 8269518", "孙红 8238584", "
梅清 8239561", "彭强 8239616")
Tel(2) = Array("胡越 8278573", "李涵 8299536", "孙华 8237984", "
季芳 8260551", "赵杰 8239716", "程志伟 8245989")
Tel(3) = Array("汪洋 8237857", "顾小伟 8239736", "高泽 8238984", "
徐青 8239556", "赵三 8229817")
For i = 0 To 3
      Combo1.AddItem Psort(i)
Next i
End Sub
```

3. 运行结果

运行结果如图6-2所示。

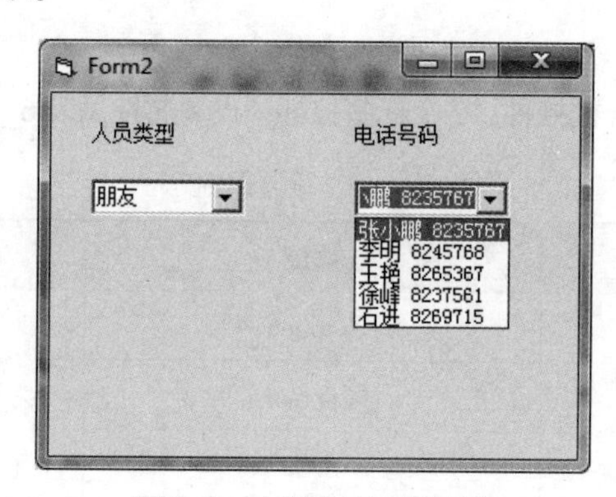

图6-2 实例6.2运行结果

四、上机实验

（1）求鞍点（鞍点，是指在本行最大，在本列最小的元素）。找出一个4行5列的二维数组的鞍点，如果找到，则显示鞍点的行号和列号；如果没有找到，则显示没有鞍点。

（2）将两个升序数列合并成一个仍为升序的数列。

（3）输出杨辉三角，如图6-3所示。

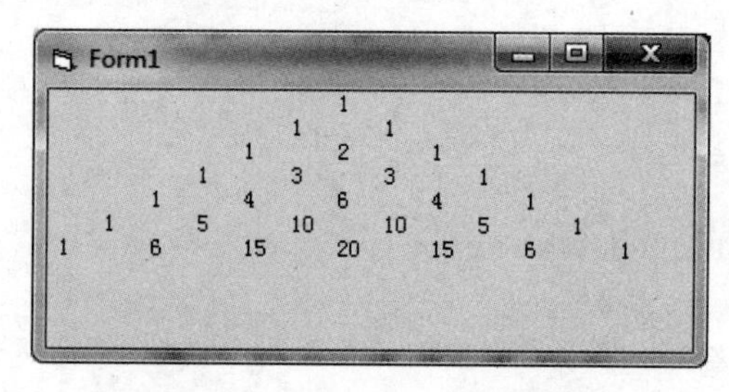

图6-3 上机实验3运行界面

（4）随机产生25个[1,10]的整数放入5×5的二维数组中并输出。统计出靠边元素之和及对角线元素之和。

6.2 习题

一、选择题

1. 如果有数组声明Dim a(10) As Integer，则该数组共有（　　）个元素。

A. 10　　B. 11　　C. 9　　D. 不确定

2. 用语句Dim b(-2 to 4) As String定义的数组的元素个数是（　　）个。

A. 2 B. 4　　C. 6　　D. 7

3. 如果有声明Option Base 1 Dim arr(3,3)，则该数组共有(　　)个元素。

A. 16　　B. 9　　C. 4　　D. 6

4. 以下关于数组的描述正确的是(　　)。

A. 数组的大小是固定的，但可以有不同类型的数组元素

B. 数组的大小是可变的，但所有数组元素的类型必须相同

C. 数组的大小是固定的，所有数组元素的类型必须相同

D. 数组的大小是可变的，但可以有不同类型的数组元素

5. 以下关于数组的说法正确的是(　　)。

A. 在VB中，一个数组所包含的元素只能是相同类型的数据

B. 在VB中，数组只能在模块中定义，不能在过程中定义

C. 同普通变量一样，数组也可以不定义先使用

D. 在定义数组时，数组的每一维元素的个数必须是常数，不能是变量或表达式

6. 赋给一个数组的数据的值的类型一定要(　　)。

A. 相同　　B. 不相同　　C. 两可　　D. 都不对

7. 可变数组的各个下标变量的数据类型(　　)。

A. 相同　　B. 不相同　　C. 两可　　D. 都不对

8. 执行Dim a As Variant a=array(1,2,3,4)后，a(3)=(　　)。

A. 1　　B. 2　　C. 4　　D. 3

9. 假定建立一个名为Command1 的命令按钮数组，则以下说法中错误的是(　　)。

A. 数组中每个命令按钮的名称均为Command1

B. 数组中每个命令按钮的标题(Caption属性)都一样

C. 数组中所有命令按钮可以使用同一个事件过程

D. 用名称Command1(下标)可以访问数组中的每个命令按钮

10. 下列程序的运行结果为(　　)。

```
For i=1 to 3
    d(i)=2*i-1
    print d(i);
next i
```

A. 1 3 5　　B. 2 4 6　　C. 1 4 6　　D. 5 6 7

11. 下列程序段的执行结果为(　　)。

```
Dim M(10),N(10)
i=3
for k=1 to 5
    M(k)=k
    N(i)=2*i+k
next k
print N(i);M(i)
```

A. 3　11　　B. 3　15　　C. 11　3　　D. 15　3

12. 下列程序的执行结果是(　　)。

```
Dim a(5) As String
Dim b As Integer
Dim i As Integer
For i=0 to 5
 a(i)=i+1
 print a(i);
Next i
```

A. 123456　　　B. 6　　　C. 654321　　　D. 0

13. 下列程序段的执行结果为(　　)。

```
Dim M(10)
For i=0 To 10
   M(i)=2*i
Next i
Label1.Caption=M(M(3)) & vbcrlf
```

A. 12　　　B. 6　　　C. 0　　　D. 4

14. 下列程序段的执行结果为(　　)。

```
Private Sub command1_Click()
Dim a
a=Array("a","b","c","d","e","f","g")
Label1.Caption=a(1) & a(3) & a(5)
End Sub
```

A. abc　　　B. bdf　　　C. ace　　　D. 出错

15. 下列程序段的执行结果为(　　)。

```
Dim A(10),B(5)
For i=1 To 10
 A(i)=i
Next i
For j=1 To 5
 B(j)=j*20
Next j
A(5)=B(2)
Label1.Caption="A(5)=" & space(2) & A(5)
```

A. A(5)=5　　　B. A(5)=10　　　C. A(5)=20　　　D. A(5)= 40

16. 下列程序段的执行结果为(　　)。

```
Dim X(3,5)
For i=1 To 3
For j=1 To 5
```

```
    X(i,j)=X(i-1,j-1)+i+j
Next j
Next i
Label1.Caption=Label1.Caption & X(3,4) & vbCrLf
```

A. 10　　B. 12　　C. 15　　D. 18

17. 下列程序运行时，会产生(　　)错误。

```
Dim Stu(2,3)
For i=1 To 4
    For j=1 To 5
    Stu(i,j)=I*j
    Next j
Next i
```

A. 下标越界　　B. 大小写不匹配　　C. 数组定义错误　　D. 循环嵌套错

18. 以下程序段的运行结果是(　　)。

```
Private Sub Form_Click()
Dim x() As String
a="How are you!"
n=Len(a)
ReDim x(1 To n)
For i=n To 1 Step -1
    x(i)=Mid(a,i,1)
Next i
For i=1 To n
    Print x(i);
Next i
End Sub
```

A. !uoy era who　　B. !uoy era woh　　C. How are you!　　D. how are you!

19. 在窗体上添加一个命令按钮Command1，然后编写如下代码：

```
Private Sub Command1_Click()
Dim city As Variant
city=Array("北京","上海","天津","重庆")
Print city(1)
End Sub
```

程序运行后，单击命令按钮，输出结果是(　　)。

A. 空白　　B. 错误提示　　C. 北京　　D. 上海

20. 下面有关动态数组说法，错误的是(　　)。

A. 动态数组的大小可以改变

B. 动态数组的维数可以改变

C. ReDim动态数组时下标可以是有确定值的变量

D. 动态数组不能是变体类型

二、填空题

1. 数组应当先(　　)，后使用。
2. 数组的下界默认是(　　)。
3. 用来获得数组上界的函数是(　　)。
4. Label1(3)是控件数组Label1 的第(　　)个元素。
5. 定义数组大小时，要想不丢失原有的数据，则必须在ReDim 后边加上关键字(　　)。
6. 若有语句A=Array(1,2,3,4,5,6,7,8)，则A(5)的值是(　　)。
7. 由Array函数建立的数组必须是(　　)类型。
8. 在窗体上画一个文本框，然后编写如下程序：

```
Option Base 1
Private Sub Form_Click()
  Dim Arr(10) As Integer
  For i = 6 To 10
   Arr(i) = i - 3
  Next i
  Text1.Text= Str(Arr(6) + Arr(Arr(6) + Arr(10)))
End Sub
```

程序运行后，单击窗体，在文本框中显示的内容是(　　)。

9. 在窗体上画一个命令按钮(其Name属性为Command1)，然后编写如下代码：

```
Private Sub Command1_Click()
  Dim a(5, 5)
  For i = 1 To 3
    For j = 1 To 4
      a(i, j) = i * j
    Next j
  Next i
  For n = 1 To 2
    For M = 1 To 3
      Print a(M, n);
    Next M
  Next n
End Sub
```

程序运行后，单击“命令”按钮，输出结果是(　　)。

10. 删除列表框中指定的项目所使用的方法为(　　)。

三、判断题

1. 在VB中，用Dim定义数组时，数组元素也自动赋初值为零。　(　　)

2. Option Base语句在模块中使用，用来显式说明数组上界。 (　　)

3. 动态数组是元素个数在运行时可以改变的数组。 (　　)

4. 数组的引用通常是指对数组元素的引用，其方法是在数组后面的括号中指定下标。 (　　)

5. ReDim语句可以在模块级中使用。 (　　)

6. 使用ReDim语句会使原来数组中的值丢失，可以在ReDim语句后加Preserve 参数来保留数组中的数据。 (　　)

7. 用Erase语句清除动态数组，数组依然存在内存。 (　　)

8. 列表框中的项目不可以多列显示。 (　　)

9. 数组必须先定义后使用。 (　　)

10. 控件数组共用一个控件名，但具有不同的属性，它们的事件过程也不相同。 (　　)

四、程序阅读题

1. 在窗体上画一个名称为Command1 的命令按钮，然后编写如下程序：

```
Option Base 1
Private Sub Command1_Click()
Dim c As Integer, d As Integer
d = 0
c = 6
x = Array(2, 4, 6, 8, 10, 12)
For i = 1 To 6
  If x(i) > c Then
d = d + x(i)
c = x(i)
Else
   d = d - c
End If
Next
Print d
End Sub
```

程序运行后，如果单击“命令”按钮，则在窗体上输出的内容为(　　)。

2. 阅读程序如下：

```
Option Base 1
Dim arr() As Integer
Private Sub Form_Click()
Dim i As Integer, j As Integer
ReDim arr(3, 2)
For i = 1 To 3
 For j = 1 To 2
arr(i, j) = i * 2 + j
```

```
Next j
Next i
 ReDim Preserve arr(3, 4)
   For j = 3 To 4
arr(3, j) = j + 9
Next j
Print arr(3, 2) + arr(3, 4)
End Sub
```

程序运行后，单击窗体，输入结果为(　　)。

五、程序改错题

1. 该程序的功能是通过键盘给一维数组a输入10个整数，然后将一维数组的这些数赋值给一个2行5列的二维数组。最后在一行内输出一维数组、在两行内输出二维数组。既不可增加或删除程序行，也不可以更改程序结构。

```
'-------------------------------------------------
Private Sub Form_Click()
Dim a(10), b(2, 5) As Integer
dim i as integer,k as integer,j as integer
For i = 1 To 10
a(i) = InputBox("请给数组提供10个整数")
a(i) = Val(a(i))
Next i
k = 0
For i = 1 To 2
For j = 1 To 5
k = k + 1
b(i, j) = a(k)
Next j
Next i
Print Tab(10); "数组a的值"
Print Tab(10);
For i = 1 To 10
'**********FOUND**********
Print a(i)
Next i
Print
Print Tab(10); "二维数组b的值是:"
For i = 1 To 2
Print Tab(10);
For j = 1 To 5
'**********FOUND**********
Print b(j,i);
```

```
Next j
'**********FOUND**********
Paint b(i,j)
Next i
End Sub
```

2. 下面程序段将 7 个随机整数从小到大排序。

```
'注意：既不可增加或删除程序行，也不可以更改程序结构
'------------------------------------------------------
Private Sub Form_Click()
Dim t%, m%, n%, w%,a(7) as integer
For m = 1 To 7
a(m) = Int(10 + Rnd() * 90)
Print a(m); " ";
Next m
Print
For m = 1 To 6
t = m
'**********FOUND**********
For n =2 To 7
'**********FOUND**********
If a(t) > a(n) Then n = t
Next n
'*******FOUND**********
If t = m Then
 w = a(m)
a(m) = a(t)
a(t) = w
End If
Next m
For m = 1 To 7
Print a(m)
Next m
End Sub
```

第7章 过程

7.1 实验

一、实验目的

（1）掌握自定义函数过程、子过程的定义和调用方法。

（2）掌握参数传递的特点和方式。

（3）掌握变量、函数和过程的作用域。

（4）掌握递归的定义和使用方法。

二、本实验知识点

1. 通用过程

在实际应用中，为了使程序结构清楚，或减少代码的重复性，可将重复性较大的代码段独立出来形成一个过程，在需要使用该过程的位置，可根据不同的参数调用该过程，实现该过程所规定的功能。这种独立定义的过程叫作“通用过程”。在VB中，通用过程分为两类：Function过程和Sub过程。

2. Sub过程

（1）Sub过程的定义。Sub过程是在响应事件时执行的代码块。定义Sub过程的语法格式是：

```
[Static] [Private|Public] Sub 过程名[(参数表列)]
    语句块
    [Exit Sub]
    [语句块]
End Sub
```

（2）调用格式。

格式一：Call<子过程名>[(<实际参数表>)]

格式二：<子过程名>[<实际参数表>]

说明：

① 用Call语句调用一个过程时，如果过程本身没有参数，则“实际参数”和括号可以省略；否则应给出相应的实际参数，并把参数放在括号中，即Call 过程名(实际参数表列)。

② 如果省略关键字Call调用一个过程时，则过程名可以作为一个语句使用，但必须省略实际参数表外的圆括号(除非没有参数)，即过程名 实际参数表列。

③ 定义过程时的参数表列称为形参(也叫虚参)，调用过程时的参数表列称为实参，实参表列中列出了调用过程时要传递给过程的实际参数，各参数之间用逗号分隔。实参可以是变量、常量、数组或表达式。如果要将整个数组传递给一个过程，则可以使用数组名作为实际参数并在数组名后加上空括号。实参与虚参在个数、类型和顺序上必须匹配。实参与形参相匹配的过程称为参数传递。

3. Function过程

(1) Function过程定义。Function过程的语法格式是：

```
[Static] [Private|Public] Function 函数名[参数表列] [As 类型]
语句块1
[函数名=表达式]
[Exit Function]
[语句块2]
[函数名=表达式]
End Function
```

(2) 调用Function过程。与调用VB内部函数的方法一样，没有什么区别，只不过内部函数由语言系统提供的，而Function过程由用户自己定义。调用结束后，都会返回一个函数值，形式如下：

```
函数过程名(实际参数列表)
```

由于函数过程名返回一个值,故函数过程不能作为单独的语句加以调用，必须作为表达式或表达式中的一部分，再配以其他的语法成分构成语句。

4. 参数传递

在VB中，实参与形参的结合有两种方式，即地址传递(ByRef)与值传递(ByVal)，地址传递又称为引用。

(1) 地址传递。所谓的地址传递，实际上是当调用一个过程时，将实参变量的内存地址传递给被调用过程中相对应的形参，即形参与实参使用相同的内存地址单元(或形参与相对应的实参共享同一个存储单元)，这样就可以通过改变形参数据，从而达到同时改变实参数据的目的。

(2) 值传递。当调用一个过程时，系统将实参的值复制给形参，实参与形参就断开了联系。当过程调用结束时，形参占用的存储单元也同时被释放。因此，在过程体内对形参的任何操作不会影响到实参。

(3) 可变参数与可选参数。Visual basic 6.0 提供了十分灵活和安全的参数传送方式，允许使用可选参数和可变参数。在调用一个过程时，可以向过程传递可选的参数或任意数量的参数。

5. 递归

递归调用是指在过程中直接或间接地调用过程本身。采用递归调用的方法解决问题时，必须符合以下两个条件：

（1）可以将需要解决的问题转化为一个新的问题，而这个新问题的解决方法与原来的解法相同。

（2）有一个明确的结束递归的条件（终止条件），否则过程将会永远“递归”下去。

6. 过程的作用域

过程的作用域分为：窗体/模块级和全局级。

（1）窗体/模块级。指在某个窗体或标准模块内定义的过程，定义的子过程或函数过程前加有Private关键字，此过程只能被本窗体（在本窗体内定义）或本标准模块（在本标准模块内定义）中的过程调用。

（2）全局级。指在窗体或标准模块中定义的过程，其默认是全局级的，也可加Public进行说明。全局级过程可供该应用程序的所有窗体及所有标准模块中的过程调用。

7. 变量的作用域

根据变量的作用范围（作用域）可分为3个层次：局部变量（私有变量）、模块级变量和全局变量（公共变量）。

（1）局部变量。顾名思义，就是只能在局部范围内被程序代码识别和访问的变量。这类变量就是指在过程内用语句声明的变量（或不声明直接使用的变量），它只能在本过程中使用，其他过程不可访问。局部变量随过程的调用而分配存储单元，并进行变量的初始化，在此过程体内进行数据的存取，一旦该过程执行结束，则该变量的内容自动消失，所占用的存储单元被释放。在不同的过程中可以有同名的变量，彼此互不相干。使用局部变量有利于程序的调试。

（2）模块级变量。模块级变量是指在模块的任何过程之外，即在模块的声明部分使用Dim语句或Private语句声明的变量。为了区别局部变量，建议使用Private进行变量的声明，这种变量可以被本模块的任何过程访问；可以在本模块的任何位置被识别、访问。

（3）全局变量。全局变量是指在模块的任何过程之外，即在模块的“通用声明”段使用Public语句声明的变量。可被本模块的任何过程访问，还可以被本工程的任何位置访问。

8. 变量的生存期

变量除有作用域（使用范围）外，变量还有生命周期（存活期），在这一期间变量能够保持它们的值。

（1）动态变量。动态变量是指程序执行进入变量所在的过程，才分配该变量的内存单元，当执行退出此过程后，该变量所占用的内存单元被自动释放，其值消失，释放的内存单元被其他变量占用。

用Dim声明的变量属于动态变量，在其所在的过程执行结束后，其值不被保留，在每次重新执行过程时，该变量重新声明。

（2）静态变量。静态变量是指程序执行进入该变量所在的过程，修改该变量的值后，当结束退出该过程时，其变量的值仍然被保留，即变量占内存单元没有被释放，当再次进入该过程时，原来该变量的值可以继续使用。在过程体内用Static声明的局部变量，就属于静态变量。

三、实验示例

实例 7.1 已知自然对数的底数e的级数表示如下：

e=1+1/1!+1/2!+1/3!+......+1/n!+.....，要求其中绝对值小于1e−8的项被忽略。

分析：要表达式中，我们可以看到，如果能求出1！、2！…程序难点就解决了。因此，用函数过程fact()求阶乘，代码如下：

```
Option Explicit
Private Function fact(m As Integer) As Single
Dim x As Single, i As Integer
x = 1
For i = 1 To m
    x = x * i
Next i
fact = x
End Function

Private Sub Form_Click()
Dim e As Single, item As Single
Dim n As Integer
e = 1
n = 0
Do
    n = n + 1
    item = 1 / fact(n)
    e = e + item
Loop While item >= 0.00000001
Form1.Print "e="; e
End Sub
```

我们不仅学习了Function过程，还学习了Sub过程。那么来看看如何通过Sub过程来实现，因为知道Sub是没有值的返回的，那么可以通过增加一个参数x，进行阶乘结果的传送。代码如下：

```
Option Explicit
Private Sub fact(m As Integer, x As Single)          'N, S叫虚参
Dim i As Integer
x = 1
For i = 1 To m
x = x * i                                  'x放阶乘的值
Next i
```

```
End Sub

Private Sub Form_Click()
Dim e As Single, item As Single
Dim n As Integer
Dim sum As Single
e = 1
n = 0
Do
    n = n + 1
   Call fact(n, sum)      'x的值传给sum
   item = 1 / sum
    e = e + item
Loop While item >= 0.00000001
Form1.Print "e="; e
End Sub
```

通过学习变量的作用域，也可以设置一个窗体级变量x，通过sub过程实现该功能。代码如下：

```
Dim x    '窗体级变量x
Option Explicit
Private Sub fact(m As Integer)          'N, S叫虚参
Dim i As Integer
x = 1
For i = 1 To m
x = x * i
Next i
End Sub

Private Sub Form_Click()
Dim e As Single, item As Single
Dim n As Integer
Dim sum As Single
e = 1
n = 0
Do
    n = n + 1
   Call fact(n)
   item = 1 / x                  '调用窗体级变量的值
    e = e + item
Loop While item >= 0.00000001
Form1.Print "e="; e
End Sub
```

实例 7.2 随机产生一个 1 行 5 列的矩阵，求数组中的最大数组元素。

分析：在本例中主要想通过示例进一步掌握函数过程的编程及参数的传递方式。Option Base 1

```
Option Explicit
Dim IntA(5, 5) As Integer
Private Sub Command1_Click()
  Dim I As Integer, J As Integer
  Randomize
  For I = 1 To 5
    For J = 1 To 5
      IntA(I, J) = Int(Rnd * 89 + 10)
      Print IntA(I, J);
    Next J
    Print
  Next I
End Sub
Private Function Max(A() As Integer) As Integer
   Dim I As Integer, J As Integer
   Max = A(1, 1)
   For I = 1 To UBound(A, 1)
     For J = 1 To UBound(A, 2)
        If Max < A(I, J) Then Max = A(I, J)
     Next J
   Next I
End Function
Private Sub Command2_Click()
  Dim find As Integer
  Dim I As Integer, J As Integer
  find = Max(IntA)
  Print "最大数组元素是:"
  For I = 1 To 5
    For J = 1 To 5
      If IntA(I, J) = find Then Print "IntA("; I; ","; J; ")=";
find
    Next J
  Next I
End Sub
```

实例 7.3 随机产生 10 个 1000 以内的整数，编程找出这十个数的所有质因子。例如，48 的质因子是 2，2，2，2，3。

分析：质因子（或质因数）在数论里是指能整除给定正整数的质数。根据算术基本定理，在不考虑排列顺序的情况下，每个正整数都能够以唯一的方式表示成它的质因数的乘积。两个没有共同质因子的正整数称为互质。因为 1 没有质因子，1 与任何正整数（包括 1 本身）都互质。

只有一个质因子的正整数为质数。将一个正整数表示成质因数乘积的过程和得到的表示结果叫作质因数分解。

在例题中，利用数组n(I))存放生成的十个数，再编写一个过程Factor(Fac(), n(I))用于得出n(I)所有质因子，并通过一个数组参数Fac()给主程序。

例题代码如下：

```
Option Explicit Private Sub Form_click()
Cls
Randomize Timer
Dim Fac() As Integer, n(10) As Integer
Dim I As Integer, J As Integer
Print "随机产生 10 个 1000 以内的数：";
   For I = 1 To 10
        n(I) = Int(Rnd * 999 + 1)
        Print n(I);
   Next I
   Print
   For I = 1 To 10
       Call Factor(Fac(), n(I))
       Print n(I); "的质因子是：";
       For J = 1 To UBound(Fac)
           Print Fac(J);
       Next J
       Print
       ReDim Fac(1)
   Next I
End Sub
Private Sub Factor(F() As Integer, ByVal n As Integer)
   Dim I As Integer, J As Integer, Idx As Integer
   Dim K As Integer
   K = 2
   Do Until n = 1
       If n Mod K = 0 Then
          Idx = Idx + 1
          ReDim Preserve F(Idx)
          F(Idx) = K
          n = n / K
       Else
          K = K + 1
       End If
   Loop
End Sub
```

运行程序，结果如图 7-1 所示。

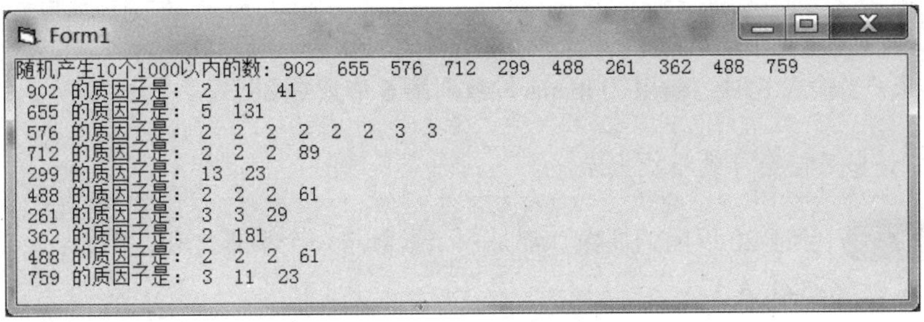

```
Form1
随机产生10个1000以内的数: 902  655  576  712  299  488  261  362  488  759
902 的质因子是:  2  11  41
655 的质因子是:  5  131
576 的质因子是:  2  2  2  2  2  2  3  3
712 的质因子是:  2  2  2  89
299 的质因子是:  13  23
488 的质因子是:  2  2  2  61
261 的质因子是:  3  3  29
362 的质因子是:  2  181
488 的质因子是:  2  2  2  61
759 的质因子是:  3  11  23
```

图 7-1　实例 7.3 运行结果

实例 7.4 用递归的方法求Fibonacci数列第n个数的值。

分析：我们知道：Fibonacci数列各元素关系如下：

```
F1=1
F2=1
Fn=Fn-1+Fn-2
```

已知Fn=Fn-1+Fn-2，因此可以推出：

```
Fibonacci(n-1)=Fibonaccib(n-2)+Fibonacci(n-3)
Fibonacci(n-2)=Fibonaccib(n-3)+Fibonacci(n-4)
……
```

得出下面的递归关系和终止条件：

$$\text{fibonacci}=\begin{cases}1 & n=1\\ 1 & n=2\\ \text{fibonacci}(n-1)+\text{fibonacci}(n-2) & n>2\end{cases}$$

递归的终止条件为：n=1 或n=2 时，Fibonacci=1。

程序代码如下：

```
Private Function Fibonacci(n As Integer)
'计算Fibonacci数列
If n = 1 Or n = 2 Then
Fibonacci = 1
Else
Fibonacci = Fibonacci(n - 1) + Fibonacci(n - 2)
End If
End Function

Private Sub Form_Click()
Dim k As Long
Dim n As Integer
n = InputBox("请输入计算的数列的个数:")
k = Fibonacci(n)
Print "Fibonacci数列第" & n & "个数是" & k
```

```
End Sub
```

运行结果：当输入6时，输出“Fibonacci数列第6个数是8”。

注意：递归可能会导致堆栈上溢。

实例7.5 验证20以内的偶数，都是一个素数与一个乘幂之和，例如：

6=2+2 ∧ 2，6=5+1 ∧ 1

分析：首先要找出素数，因此编写一个函数过程Prime(N As Integer)用于判断N是否是素数，在子过程Find的功能是找出与素数相匹配的乘幂，并打印结果。

```
Option Explicit
Private Sub Form_click()
   Dim I As Integer, J As Integer, N As Integer
   N = 20
   For I = 2 To N Step 2
      For J = 2 To I - 1
         If Prime(J) Then
           Call Find(I, J)
         End If
      Next J
   Next I
End Sub
Private Sub Find(N As Integer, M As Integer)
   Dim I As Integer, K As Integer
   Dim J As Integer, T As Integer
      T = N - M
      For J = 1 To Sqr(T)
         K = 1
         Do
           If J ^ K = T Then
              Print N; "="; M; "+"; J; "^"; K
           End If
           K = K + 1
         Loop Until J ^ K > T Or J = 1
      Next J
End Sub
Private Function Prime(N As Integer) As Boolean
   Dim I As Integer, Idx As Integer, J As Integer
   For I = 2 To Sqr(N)
      If N Mod I = 0 Then Exit Function
   Next I
   Prime = True
End Function
```

四、上机实验

（1）编写函数fun，函数的功能是：求从m到n的乘积并显示，如m为2，n为4时，显示"24"，存储连乘的乘积的变量必须为Product，要求使用Do While...Loop语句来实现。

（2）编写函数fun，函数的功能是：判断一个数是否为素数，并显示相应提示，如该数为素数时，显示“素数”；该数为非素数时，显示“非素数”，要求使用For语句来实现，用布尔型变量flag作为该数是否为素数的标志。

（3）编写sub过程，求出不超过6位数的阿姆斯特朗数。阿姆斯特朗数是指一个N位的正整数，它的每位数字的N次方之和等于它本身，例如$153=1^3+5^3+3^3$是一个3位的Armstrong数，$54748=5^5+4^7+7^5+4^7+8^5$是一个5位的阿姆斯特朗数数。(运行时输入3和5)

（4）编写Function过程计算$n!$，调用该函数过程计算下式的值：

$$S=1+1/(1+4!)+1/(1+4!+7!)+\cdots\cdots+1/(1+4!+\cdots\cdots+19!)$$

（5）(事件)单击窗体，如果一个数的真因子之和等于这个数本身，则称这样的数为“完全数”。例如，整数28的真因子为1、2、4、7、14，其和是28。因此，28是一个完全数。请编写一个过程，用于判断是否是完全数，求出500以内最大的完全数，并存入变量SUM中。使用for...next语句完成程序。

7.2 习题

一、选择题

1. 下面子过程语句说明合法的是(　　)。

A. Sub　f1(ByVal n%(　　))　　B. Sub　f1(n%) As Integer

C. Function　f1%(f1%)　　D. Function　f1%(ByVal n%)

2. 在窗体上画一个名称为Command1的按钮，并有下面程序，当按下Command1按钮后，程序输出的结果是(　　)。

```
Private Sub Command1_Click()
Dim a%, b%
a = 50: b = 100
Print "调用前", "A="; a, "B="; b
Swap a, b
Print "调用后", "A="; a, "B="; b
End Sub
Private Sub Swap(ByVal x%, y%)
Dim t%
t = x: x = y: y = t
End Sub
```

A. 调用前A=50　B=100，调用后A=50　B=100

B. 调用前A=50　B=100，调用后A=100　B=50

C. 调用前A=50　B=100，调用后A=50　B=50

D. 调用前A=50　B=100，调用后A=100　B=100

3. 假定一个工程由一个窗体Form1 和两个标准模块文件Model1 及 Model2 组成。Model1的代码如下：

```
Public  x As  Integer
Public  y As  Integer
 Sub  S1()
  x=1
  S2
End  Sub
Sub  S2()
  y=10
  Form1.Show
End  Sub
Model2 的代码如下：
Sub Main()
   S1
 End  Sub
```

其中，Sub Main被设置成启动过程，程序运行后，各模块的执行顺序是(　　)。

A. Fomr1 →Model1 →Model2

B. Model1 →Model2 →Form1

C. Model2→ Model1 →Form1

D. Model2 →Form1 →Model1

4. 下面过程运行后显示的结果是(　　)。

```
Pubic Sub F1(n%,ByVal m%)
N=n Mod 10
M=m\10
End Sub
Private Sub Command1_Click()
Dim x%,y%
x=12:y=34
Call F1(x,y)
Print x,y
End Sub
```

A. 2　34　　B. 12　34　　C. 2　3　　D. 12　3

5. 要定义一个变量为全局变量，应使用(　　)关键字。

A. Static　　B. Public　　C. Private　　D. Sub

6. 在下列定义Sub过程的语句中，正确的是(　　)。

A. Private Sub Sub1(A( ))

B. Private Sub Sub1(A as String *5)

C. Private sub sub1(ByVal a( ) as integer)

D. Private sub sub1(a(10) as integer)

7. 以下子过程或函数定义正确的是(　　)。

A. Sub f1(n As String * 1)

B. Sub f1(n As Integer) As Integer

C. Function f1(f1 As Integer) As Integer

D. Function f1(ByVal n As Integer)

8. 应用程序窗体的名称属性为Frm1，窗体上有一个命令按钮，其名称属性为cmd1，窗体和命令按钮的Click事件过程名分别为(　　)。

A. Form_Click(　　)　Command1_Click(　　)

B. Frm1_Click(　　)　Command1_Click(　　)

C. Form _Click(　　)　Cmd1_Click(　　)

D. Frm1_Click(　　)　Cmd1_Click(　　)

9. 调用由语句Private Sub Convert(Y As Integer)定义的Sub过程时，以下不是按值传递的是(　　)。

A. Call Convert((X))　B. Call Convert(X*1)　C. Convert(X)　D. Convert　X

10. 程序中的不同过程之间，不能通过(　　)进行数据传递。

①全局变量　②窗体或模块级变量　③形参与实参结合　④静态变量

A. ①②④　B. ①②③　C. ②④　D. ④

11. 若在应用程序的标准模块、窗体模块和过程Sub1 的说明部分，分别用“Public G As Integer”“Private G As Integer”“Dim G As Integer”语句说明了三个同名变量G。如果在过程Sub1 中使用赋值语句“G=3596”，则该语句是给在(　　)说明部分定义的变量G赋值。

A. 标准模块　B. 过程Sub1

C. 窗体模块　D. 标准模块、窗体模块和过程Sub1

二、填空题

1. 运行下面的程序，第一行输出结果是(　　)，第二行输出结果是(　　)。

```
Option Explicit
Private Sub Form_Click()
    Dim A As Integer
    A = 2
    Call Sub1A.
End Sub
Private Sub Sub1(X As Integer)
    X = X * 2 + 1
```

```
    If X < 10 Then
        Call Sub1(X)
    End If
    X = X * 2 + 1
    Print X
End Sub
```

2. 函数odd用于判断一个数是否为奇数。当单击“命令”按钮时，产生[10,100]之间的随机数,调用odd过程，判断该数是否为奇数，如果是，则显示“奇数”，否则显示“偶数”。

```
 Private Sub odd(n As Integer)
     Print n;
     If n/2<>n\2 Then
      Print "奇数"
    Else
'**********SPACE**********
    ( )
    End If
  End Sub

Private Sub Command1_Click()
    Dim x As Integer
    Randomize
'**********SPACE**********
    x =( )
   odd x
End Sub
```

3. 功能：以下程序段采用递归的方法计算最大公约数。当单击“计算”按钮时，窗体上输出两个文本框中数字的最大公约数。

```
'**********SPACE**********
Public Function gcd(( )As Integer, y As Integer) As Integer
    If (x Mod y) = 0 Then
      gcd = y
    Else
'**********SPACE**********
     gcd= ( )
    End If
End Function
Private Sub Command1_Click()
Print "最大公约数是："; gcd(Val(Text1), Val(Text2))
End Sub
Private Sub Form_Load()
Text1 = ""
Text2 = ""
```

```
End Sub
```

4. 面过程max(　　)用于求3个数中最大值，利用这个过程求5个数中最大值。

```
'--------------------------------------------------------
Private Sub Form_Click()
Print "5个数34、124、68、73、352的最大值是："
max1 = max(34, 124, 68)
'**********SPACE**********
max1 =( )
Print max1
End Sub

Public Function max(ByVal a%, ByVal b%, ByVal c%)
'**********SPACE**********
If ( )Then
   m = a
Else
   m = b
End If
'**********SPACE**********
If ( )Then
   max = m
Else
   max = c
End If
End Function
```

5. 运行下面的程序，当单击窗体后，在窗体上显示的内容的第二行结果是(　　)，第四行结果是(　　)。

```
Dim y As Integer
Private Sub Form_click()
         Dim x As Integer
         x = 1: y = 1
         Print "x1="; x, "y1="; y
         test
         Print "x4="; x, "y4="; y
End Sub
Private Sub test()
      Dim x As Integer
      Print "x2="; x, "y2="; y
     x = 2: y = 3
     Print "x3="; x, "y3="; y
End Sub
```

6. 下面的程序是通过IntCount值的变化让命令按钮显示不同的诗句。第二次单击“命令”按钮，显示的诗句是(　　)

```
Private Sub Command1_Click()
Static IntCount As Integer
IntCount = IntCount + 1
Select Case IntCount
    Case 1
        Command1.Caption = "春眠不觉晓"
    Case 2
        Command1.Caption = "处处闻啼鸟"
    Case 3
        Command1.Caption = "夜来风雨声"
    Case Else
        Command1.Caption = "花落知多少"
        IntCount = 0
 End Select
End Sub
```

7. 下面函数的功能是：求变量 $s(s=a+aa+aaa+aaaa+\cdots)$ 的值。其中，a 是一个 0~9 的数字，总共累加 a 项。例如，当 $a=3$ 时，$s=3+33+333$(共累加 3 项)。

```
Option Explicit
Public Function Calc(a As Integer)
    Dim s As Long
    Dim t As Long
    Dim i As Integer
    s = a
    '**********FOUND**********
    ( )
    For i = 2 To a
        '**********FOUND**********
       ( )
        s = s + t
    Next i
    Calc = s
    Print s
End Function

Private Sub Command1_Click()
    Dim i As Integer
    i = InputBox("请输入数字(0-9):")
    '**********FOUND**********
     ( )
End Sub
```

8. 执行下面的程序，当单击窗体时，窗体上显示内容的第一行是(　　)，第二行是(　　)。

```
Private Sub P1(x As Integer, ByVal y As Integer)
    Static z As Integer
    x = x + z: y = x - z: z = 10 - y
End Sub
Private Sub Form_Click()
    Dim a As Integer, b As Integer, z As Integer
    a = 1: b = 3: z = 2
    Call P1(a, b)
    Print a, b, z
    Call P1(b, a)
    Print a, b, z
End Sub
```

9. 窗体显示的第一行是(　　)，第二行是(　　)，第三行是(　　)。

```
Option Explicit
Private Sub Command1_Click()
Dim s As String, k As Integer, ch() As String
Dim p As String, i As Integer
    s = UCase("Meet me after the class.")
    For i = 1 To Len(s)
        If Mid(s, i, 1) <= "Z" And Mid(s, i, 1) >= "A" Then
            p = p & Mid(s, i, 1)
        ElseIf p <> "" Then
            k = k + 1
            ReDim Preserve ch(k)
            ch(k) = p
            p = ""
        End If
    Next i
    For i = 1 To UBound(ch)
        If Len(ch(i)) <= 2 Then
            Call Move_c(ch(i), 1)
        Else
            Call Move_c(ch(i), 2)
        End If
        Print ch(i)
    Next i
End Sub

Private Sub Move_c(s As String, k As Integer)
    Dim i As Integer, j As Integer, p As String * 1
```

```
        For i = 1 To k
           p = Right(s, 1)
           For j = Len(s) - 1 To 1 Step -1
              Mid(s, j + 1, 1) = Mid(s, j, 1)
           Next j
           s = p & Right(s, Len(s) - 1)
        Next i
End Sub
```

10. 执行下面的程序，如果不勾选“Check1”复选框，单击“Command1”按钮，则在文本框Text1中显示的变量a的值为(　　)、b的值为(　　)、r的值为(　　)；如果勾选“Check1”复选框，单击“Command1”按钮，则文本框Text1中显示为(　　)，界面如图7-2所示。

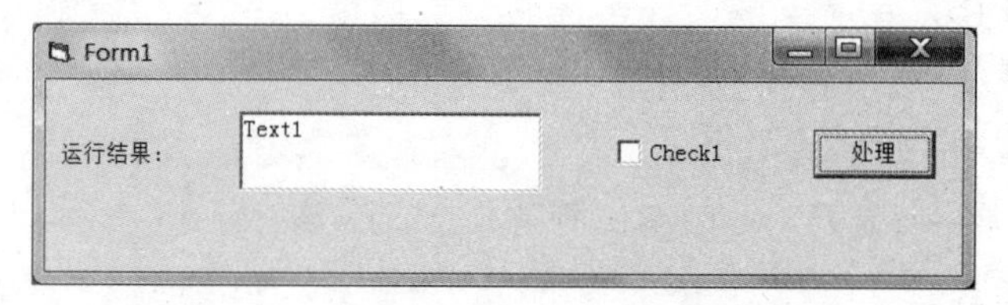

图7-2　文本框Text1显示界面

```
Private Sub Command1_Click()
  Dim a As Integer, b As Integer, r As Integer
  a = 27: b = 12
  If Check1.Value = 0 Then
      r = gcd(a, b)
      Text1 = "GCD(" & CStr(a) & "," & CStr(b) & ")=" & CStr(r)
  ElseIf Check1.Value = 1 Then
      r = gcd((a), (b))
      Text1 = "GCD(" & CStr(a) & "," & CStr(b) & ")=" & CStr(r)
  End If
End Sub
Private Function gcd(x As Integer, y As Integer) As Integer
  Dim r As Integer
  r = x Mod y
  Do While r <> 0
      x = y: y = r
      r = x Mod y
  Loop
  gcd = y
End Function
```

三、判断题

1. 如果某子程序add用public static sub add (　　)定义，则该子程序的变量都是局部变量。　　(　　)

2. Function函数有参数传递，并且一定有返回值。 (　　)

3. 用Public申明的变量能被其他模块存取。 (　　)

4. 函数过程和子过程的区别是子过程结束将返回过程值，函数过程结束不必返回函数值。 (　　)

5. 如果没有使用Public、Private，则Sub过程在默认情况下是公用的。 (　　)

6. 如果在过程调用时使用按值传递参数，则在被调过程中可以改变实参的值。 (　　)

7. 在过程中用Dim和Static定义的变量都是局部变量。 (　　)

8. 事件过程与Sub过程，它们的相同点都是事件驱动，而不同的只是事件过程由控件属性决定，而Sub过程是由户自定义。 (　　)

9. 在VB中将一些通用的过程和函数编写好并封装作为方法供用户直接调用。 (　　)

10. 在窗体模块的声明部分中用Private声明的变量的有效范围是其所在的工程。 (　　)

11. 用表达式作为过程的参数时，使用的是“传地址”方式。 (　　)

12. 过程中的静态变量是局部变量，当过程再次被执行时，静态变量的初值是上一次过程调用后的值。 (　　)

13. 数组作为过程参数时，使用的是地址传送方式。 (　　)

14. 某一过程中的静态变量在过程结束后，静态变量及其值可以在其他过程中使用。 (　　)

四、程序阅读题

1. Dim A As Integer。

```
Private Sub form_click()
Dim B As Integer
Dim D As Integer
A = 1: B = 2
D = fun(A, fun(A, B))        '过程嵌套
Print A, B, D
End Sub
Private Function fun(x As Integer, y As Integer) As Integer
x = x + A + y
y = x - A + y
fun = x + y
Print x, y, fun
End Function
```

2. Dim x As Variant。

```
Dim y As Integer, intSum As Integer
Sub Sum(ParamArray intNums())
  For Each x In intNums
    y = y + x
  Next x
  intSum = y
```

```
End Sub
Private Sub Command1_Click()
Sum 1, 3, 5, 7, 9
Print intSum
End Sub
```

我们可以看到结果为25。

3. 函数过程的功能是用递归函数实现将十进制数***n***以***r***进制显示。如下程序，运行的结果是(　　)。

```
Public Function f(ByVal n%,ByVal r%)
If n<>0 Then
F=f (n\r,r)
Print n Mod r;
End If
End Function
Private Sub Command1_Click()
Print f(100,8)
End Sub
```

4. 当Sub过程Value形参表中存在ByVal关键字时，执行本程序，单击窗体，在窗体上显示的第一行内容是(　　)，第二行内容是(　　)；若将形参表中的ByVal关键字删除，再执行本程序，单击窗体后，在窗体上显示的第一行内容是(　　)，第二行内容是(　　)。

```
Private Sub Value(ByVal m As Integer, ByVal n As Integer)
    m = m * 2
    n = n - 5
    Print "m = "; m, "n = "; n
End Sub
 Private Sub Form_Click()
    Dim x As Integer, y As Integer
    x = 10: y = 15
    Call Value(x, y)
    Print "x = "; x, "y = "; y
End Sub
```

5. 执行下面的程序，第一行输出结果是(　　)，第二行输出结果是(　　)。

```
Option Explicit
Private Sub Form_click()
       Dim M As Integer, N As Integer
       M = 1: N = 2
       Print M + N + fun1(M, N)
       M = 2: N = 1
       Print fun1(M, N) + fun1(M, N)
End Sub
Private Function fun1(X As Integer, Y As Integer)
```

```
    X = X + Y
    Y = X + 3
    fun1 = X + Y
End Function
```

五、程序改错题

请对'**********FOUND**********语句下面的一条语句进行修改，不添加和删除语句，使程序正确。

1. 求s=1!+3!+5!+7!，阶乘的计算用Function过程。

```
'       fact实现.
'-----------------------------------------------------
Option Explicit
Private Sub Form_Click()
Dim i As Integer, s As Integer
'**********FOUND**********
For i = 1 To 7
 s = s + fact(i)
Next i
Print s
End Sub
'**********FOUND**********
Public Function fact()
Dim t As Integer, i As Integer
t = 1
For i = 1 To n
t = t * i
Next i
'**********FOUND**********
fact = i
End Function
```

2. 本程序功能是查找给定范围内满足以下条件的整数数对。条件1是每个整数的各位数字各不相同，且不得为数字0，条件2是第二个数等于第一个数的两倍。例如123和246就是符合条件的数对。

```
Option Explicit
Private Sub Command1_Click()
    Dim i As Integer
    Dim n As Integer
    For i = 123 To 5678
        n = i * 2
        If fun(i) And fun(n) Then
            List1.AddItem "(" & i & "," & n & ")"
        End If
    Next i
```

```
End Sub
'**********FOUND**********
Private Function fun(n As Integer) As Boolean
    Dim a() As Integer, i As Integer, j As Integer
    Do
        i = i + 1
        ReDim Preserve a(i)
        a(i) = n Mod 10
        If a(i) = 0 Then Exit Function
            n = n \ 10
'**********FOUND**********
    Loop Until n < 0
    For i = 1 To UBound(a) - 1
        For j = i + 1 To UBound(a)
'**********FOUND**********
            If a(i) = a(j) Then Exit For
        Next j
    Next i
    fun = True
End Function
```

3. 用自定义函数的方法求sum(x)，求当-1 ≤x≤ 1 时，
sum(x)=x/2！ +x^2/3!+x^3/4!+……+x^n/(n+1)!,
当x〉1或x〈-1时，函数值为0。当n〈=0时，输入数据错误。X、N都是由用户输入。

```
'------------------------------------------------
Option Explicit
Private Sub Command1_Click()
    Dim s As Single
    Dim n As Integer, x As Single, k As Integer
    n = Val(InputBox("Please input a integer value:"))
    x = Val(InputBox("Please input a single value:"))
    If n <= 0 Then
         k = MsgBox("数据输入错误! ", vbRetryCancel +
vbExclamation, "数据输入")
         Exit Sub
    End If
    s = Sum(x, n)
    Print s
End Sub
Function Sum(x As Single, n As Integer)
    Dim i As Integer, ss As Long
    ss = 1
    Sum = 0
    If x > 1 Or x < -1 Then
        '**********FOUND**********
        Exit Do
```

```
    Else
        '**********FOUND**********
        For i = 2 To n
            ss = ss * i
            '**********FOUND**********
            Sum = x ^ (i - 1) / ss
        Next i
    End If
End Function

答案1)=exit Function
(答案2)For i = 2 To n +        For i = 2 To 1+n
(答案3)==sum =  sum  +  x ^ (i - 1) / ss
```

4. 本程序将一个大于100的偶数*n*分解为两个素数之和，其中nflag逻辑函数用于判断自然数*x*是否为素数。

```
'------------------------------------------------
Option Explicit
Private Sub Form_Click()
    Dim n As Integer, x As Integer, y As Integer
    n = Val(InputBox("请输入一个大于100的偶数", "输入数据", 100))
    For x = 3 To n \ 2 Step 2
        '**********FOUND**********
        If x = 0 Then
            y = n - x
            '**********FOUND**********
            If nflag(x) Then
                Form1.Print n; "="; x; "+"; y
                Exit For
            End If
        End If
    Next x
End Sub

Function nflag(x As Integer) As Boolean
    Dim flag As Boolean
    Dim k As Integer
    Dim m As Integer
    k = 2: m = Int(Sqr(x))
    flag = True
    Do While k <= m
        '**********FOUND**********
        If x Mod k = 0 Then flag = True
        k = k + 1
    Loop
    nflag = flag
End Function
```

第8章

界面设计

8.1 实验

一、实验目的

（1）掌握VB中菜单编辑器的使用方法。

（2）掌握下拉式菜单设计、弹出式菜单设计及动态菜单的设计。

（3）掌握VB中如何添加工具栏、状态栏和图像工具栏。

（4）掌握通用对话框的设计方法。

（5）熟练掌握键盘事件KeyPress、KeyDown和KeyUp的基本用法。

（6）熟练掌握鼠标事件MouseDown、MouseUp和MouseMove的基本用法。

二、知识介绍

1. 菜单

菜单是Windows应用程序用户界面中十分关键的要素之一，它以分组的形式组织多个命令或操作，为用户灵活操作应用程序提供了便捷的手段。在VB中，菜单被称为控件的对象，它也有一组属性和事件。VB中的菜单不是一个独立的对象，它总与窗体相关联，只有打开窗体后，才能定义该窗体使用的菜单。在实际应用中，菜单的形式分为下拉式菜单和弹出式菜单。下拉式菜单通常通过单击菜单栏中的标题的方式打开，弹出式菜单通常通过在某一区域单击鼠标右键的方式打开。

（1）下拉式菜单。在下拉式菜单系统中，一般有一个主菜单，称为菜单栏。其中，包含一个或多个选择项，称为菜单标题，当单击一个菜单标题时，包含菜单项的列表即被打开。菜单中可以包含有若干个由命令、分隔条和子菜单标题组成的菜单项，菜单系统最多可包含6级子菜单。

当用户执行“工具”菜单中的“菜单编辑器”命令时，或直接在工具栏中单击“菜单编辑器”按钮时，均可打开VB的菜单编辑器，如图8-1所示。

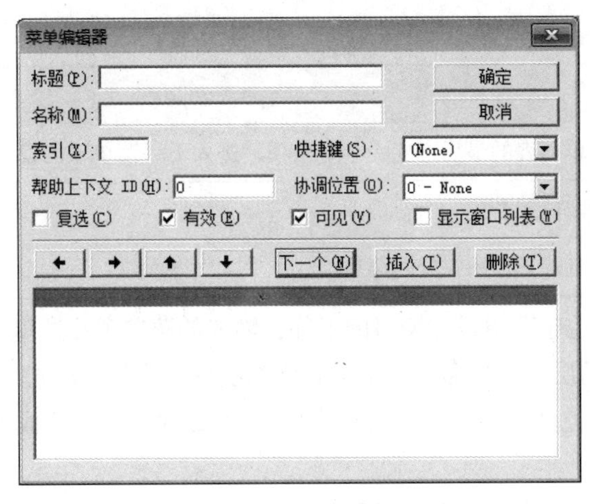

图 8-1 菜单编辑器

①属性区。本区用于设置菜单控件的属性，其主要属性见表 8-1 所列。

表 8-1 菜单控件的属性

属性	说明
标题(Caption)	显示在菜单控件中的字符
名称(Name)	在程序代码中引用菜单控件时使用的名称
索引(Index)	同一般控件类似，菜单控件可以利用索引建立数组，并以索引值来标识数组中的不同成员，但它不会自动为用户建立索引值
快捷键(Shortcut)	指定一个与菜单项等价的快捷键
复选(Checked)	该属性为True（选中）时，在菜单项的前面出现一个√标记，表示该项目前处于活动状态
有效(Enabled)	该属性为False(未选中)时，对应的菜单项灰色显示，表示当前不可用
可见(Visible)	该属性为False(未选中)时，对应的菜单项不可见
帮助上下文ID	在HelpFile属性指定的帮助文件中用该数值查找适当的帮助主题
协调位置	允许选择菜单的NegotiatePosition属性，该属性决定是否及如何在容器窗体中显示菜单

②本区共包含 7 个按钮，用于对输入的菜单项进行简单的编辑，见表 8-2 所列。

表 8-2 编辑区按钮

按钮	说明
左、右按钮	调整菜单项的级别(是主菜单还是子菜单)，单击“左”或“右”按钮时，在对应的菜单项前将出现或取消内缩符号“…”
上、下按钮	调整菜单项的位置。选中编辑区中某一菜单项后，可通过上或下按钮将该项上移或下移

续表

按钮	说明
下一个	在菜单列表的最后产生一个空白项，进入下一菜单项的设计
插入	在当前位置产生一个空白项
删除	用于删除光标所在处的菜单项

③菜单项显示区。位于菜单设计窗口的下部，输入的菜单项在这里显示出来，并通过内缩符号(…)表明菜单项的层次。条形光标所在的菜单项是“当前菜单项”。

④常用事件。菜单控件只包含一个事件，即Click事件，当鼠标或键盘选中该菜单时，将调用该事件。

(2)弹出式菜单。弹出式菜单能以更灵活的方式为用户提供更便利的操作，它可以根据用户单击鼠标右键时的坐标动态地调整菜单项的显示位置，同时也可以改变菜单项的内容。

为了显示“弹出式菜单”，可以使用PopupMenu方法，该方法的语法如下：

```
[<窗体名>.]PopupMenu <菜单名>[,flags[,x[[,y],boldcommand]]]
```

其中：

①省略<窗体名>将打开当前窗体的菜单。

②<菜单名>是指通过“菜单编辑器”设计的，至少有一个选项的菜单名称(Name)。

③flags：为一些常量数值的设置，其中包含位置及行为两个指定值。位置常数见表8-3所列，行为常数见表8-4所列。

表8-3 位置常数

位置常数	说明
0(默认)	菜单左上角位于x
4	菜单上框中央位于x
8	菜单右上角位于x

表8-4 行为常数

行为常数	说明
0(默认)	菜单命令只接收右击
2	菜单命令可接收左击、右击

④boldcommand：用于指定弹出式菜单中加粗效果显示的菜单名称。

2. 工具栏

在VB环境中，用户可以通过手工方式或使用工具栏控件制作出自己需要的工具栏。

(1)手工方式制作工具栏。

①在窗体中添加一个图片框，并通过对其Align属性的设置来控制图片框出现的位置。

②在图片框中添加任何想在工具栏中显示的控件。通常用命令按钮、图像框、单选按钮和

复选控件来创建工具栏按钮。

③设置控件的属性。

④编写代码。

（2）使用工具栏控件。在VB中包含了一个ActiveX控件：Toolbar（工具栏控件）。使用它可以非常容易、方便地创建工具栏。但由于ActiveX控件通常不包含在标准控件中。因此，使用前应先将其添加进标准工具栏（在“工程”菜单中执行“部件”命令后，弹出“部件”对话框，选择其中的“Microsoft Windows Common Contrls 6.0”后，单击“确定”按钮），此时在标准工具栏中将添加9个控件，其中用于建立工具栏的有Toolbar和ImageList两个。

在Toolbar的属性窗口中改变Align属性，可以将其设置在其他位置上，可选的值见表8-5所列。

表8-5　Toolbar的Align属性

设置值	常数	说明
0	VbAlignNoe	可在设计时或程序中确定大小和位置，若对象在MDI窗体上该值被忽略（非MDI窗体的默认值）
1	VbAlignTop	对象显示在窗体的顶部，其宽度等于窗体的ScaleWidth属性设置值（MDI窗体的默认值）
2	VbAlignBottom	对象显示在底部，其宽度等于窗体的ScaleWidth属性设置值
3	VbAlignLeft	对象显示在左边，其宽度等于窗体的ScaleWidth属性设置值
4	VbAligbRight	对象显示在右边，其宽度等于窗体的ScaleWidth属性设置值

用Align属性可以很快地在窗体的顶部或底部创建工具栏或状态栏。当用户改变窗体的大小时，Align值设置为1或2的对象，会自动地改变大小以适应窗体的宽度。

鼠标右击加载到窗体上的Toolbar控件会弹出一个快捷菜单，选择其中的“属性”将显示“属性页”对话框，如图8-2所示，可以设置控件的一些非常规属性；单击“属性页”对话框中的“按钮”选项卡，显示如图8-3所示。

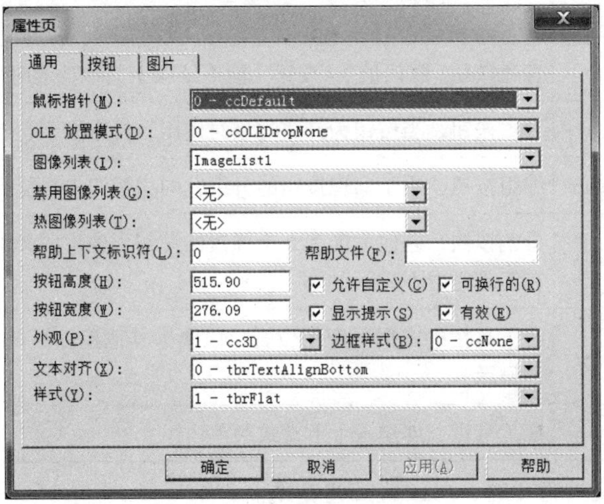

图8-2　“属性页”对话框

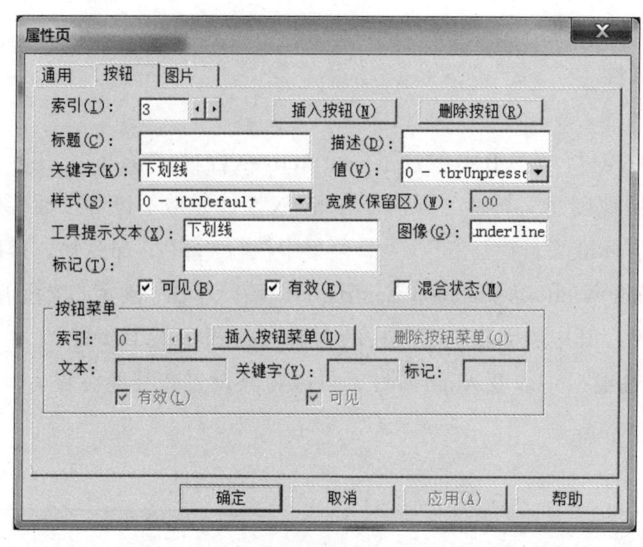

图 8-3　Toolbar属性页“按钮”选项卡对话框

该选项卡的功能说明如下：

①插入或删除按钮：在Button（按钮）集合中加入或删除元素。通过按钮集合可访问工具栏中的按钮。

②索引和关键字：工具栏中的按钮通过按钮集合进行访问，集合中每个按钮都有唯一的标识。索引（Index）和关键字（Key）就是这个标识。索引为整型，关键字为字符串型，是一个可选项。

③标题：显示在按钮上的文字。

④描述：当程序运行时，双击工具栏对其中内容进行编辑时在每个按钮旁显示的文字。

⑤值：说明按钮的状态。0 表示为弹起状态，1 表示为按下状态。

⑥样式（Style）：样式决定了按钮的行为特点，且与按钮相关的功能可能受到按钮样式的影响，其值见表 8-6 所列。

表 8-6　属性值及其意义

值	符号常数	说明
0	tbrdefault	普通按钮（默认值），按钮功能不依赖于其他功能时使用
1	tbrcheck	开关按钮，当按钮为开关类型时使用，具有按下、放开两种状态
2	tbrbuttongroup	编组按钮，用于实现按钮的分组，同组按钮内只能有一个处于按下状态
3	tbrseparator	分割按钮，创建宽度为 8 个像素的按钮，使不同类或不同组的按钮分割开，在工具栏中不显示
4	tbrplaceholder	在工具栏中占据一定的位置，以便为其他控件提供显示空间，在工具栏中不显示
5	tbrdropdown	在工具栏上创建一个下拉式菜单

⑦宽度：当Style属性为 4 时，可设置按钮宽度。

⑧图像：载入按钮上显示的图片。

⑨工具提示文本：程序运行时，当鼠标指向该按钮时显示出的文字。

利用ImageList控件为Toolbar添加图片的方法：

- 首先，在Toolbar所在的窗体中添加ImageList控件及其图像。
- 然后，建立两者的联系。
- 最后，从ImageList控件的图片苦中选择需要的图像加载到工具栏按钮上。

3. 状态栏

程序的状态栏由StatusBar控件生成，它和菜单、工具栏一样，是Windows应用程序的一个特征，用于显示程序的当前状态及其他信息。通常有以下几个方面：

(1)显示系统信息。

(2)显示菜单、按钮或其他对象的功能或使用方法。

(3)显示键盘的状态。

(4)显示鼠标或光标的当前位置。

同样地，将“Microsoft Windows Common Contrls 6.0”控件添加到标准控件中，然后双击“StatusBar”控件图标，在窗体底部就会出现如图8-4所示的状态栏。

第 5 页，共 6 页　3682 个字　中文(中国)

图8-4　Word的状态栏

右击窗体上的状态栏后，在弹出的快捷菜单中选择“属性”命令，打开状态栏的“属性页”对话框，如图8-5所示。用户可以设置：

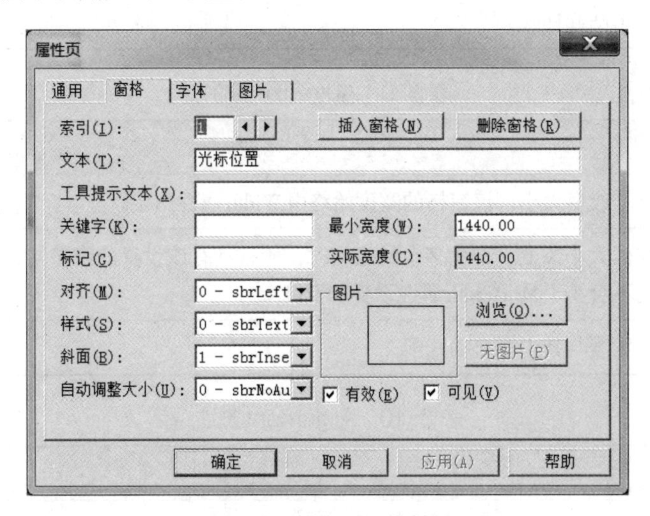

图8-5　状态栏的属性页

- 增加状态栏中的窗格。单击图8-5中的“插入窗格”按钮，可在状态栏中添加新的窗格，可使用“索引”和“关键字”属性标识不同的窗格，用“文本”属性在窗格中显示需要的信息，Style属性用来设置数据的类型。具体见表8-7所列。

表 8-7　状态栏Style属性

值	说明
0	文本和(/或)位图。用Text属性设置文本(默认)
1	显示大小写控制键的状态
2	显示数字控制键的状态
3	显示插入键的状态
4	显示当前日期
5	显示当前时间

- 在状态栏中显示图形。单击图 8-5 图片框旁边的“浏览...”按钮，在弹出的“选定图片”对话框中，选择需要的图形文件即可将指定的图片添加到指定的窗格中。
- 在状态栏中显示的信息。设置图 8-5 中的“样式”(Style)属性可以显示需要的信息。
- 用户可以通过斜面(Bevel)、自动调整大小(AutoSize)和对齐属性(Alignment)设置每个窗格的外观。具体设置值见表 8-8、表 8-9、表 8-10 所列。

表 8-8　Beval属性

值	说明
0	窗格不显示斜面，这样文本就像显示在状态条上一样
1	窗格显示凹进样式
2	窗格显示凸起样式

表 8-9　AutoSize属性

值	说明
0	不能自动改变大小，该窗格的宽度始终由Width属性指定
1	当父窗体大小改变、产生多余的空间时，所有具有该设置的窗格均分空间，并相应变大，但宽度不会小于MinWidth属性设置的宽度
2	窗格的宽度与其内容自动匹配

表 8-10　Alignment属性

值	说明
0	文本在位图的右侧，以左对齐方式显示
1	文本在位图的右侧，以居中方式显示
2	文本在位图的左侧，以右对齐方式显示

4. 预定义对话框

在编写程序的过程中，常常需要在屏幕上显示一些提示信息、警告信息、询问信息或错误信息等消息，对用户的操作给予一定的提醒或反馈，这就需要用到消息对话框；有时可能需要用户回答诸如姓名、密码或数字之类的信息，这就需要用到输入对话框，专门用来接受用户的键盘输入。VB中消息对话框和输入对话框是系统提供的两种预定义对话框，分别使用函数（MsgBox）和（InputBox）来实现。

（1）消息对话框(MsgBox)。

①函数格式。

```
<变量>=MsgBox(<消息内容> [,<对话框类型> [,<对话框标题>]]
```

其中：

- <消息内容>：指定在对话框中出现的文本。在<消息内容>中用硬回车符Chr(13)可以使文本换行。对话框的高度和宽度随着<消息内容>的增加而增加，最多可有1024个字符。
- <对话框类型>：指定对话框中出现的按钮和图标，一般有3个参数。
- <对话框标题>：指定对话框的标题。

②对话框类型中的参数说明。参数是一个整数值或符号常量，用来控制在对话框内显示的按钮、图标的种类和数量。该参数的值由4类数值相加产生，这4类数值或符号常量分别表示按钮的类型、显示图标的种类、活动按钮的位置及强制返回（见表8-11、表8-12、表8-13、表8-14所列）。

表8-11 参数1

值	符号常量	按钮说明
0	VbOkOnly	“确定”按钮
1	VbOkCancel	“确定”和“取消”按钮
2	VbAbortRetryIgnore	“终止”“重试”和“忽略”按钮
3	VbYesNoCancel	“是”“否”和“取消”按钮
4	VbYesNo	“是”和“否”按钮
5	VbRetryCancel	“重试”和“取消”按钮

表8-12 参数2

值	符号常量	图标说明
16	VbCritical	停止图标
32	VbExclamation	问号图标
48	VbQuestion	感叹号图标
64	VbInformation	信息图标

表 8-13　参数 3

值	符号常量	默认按钮
0	VbDefaultBotton1	指定默认按钮为第一个按钮
256	VbDefaultBotton2	指定默认按钮为第二个按钮
512	VbDefaultBotton3	指定默认按钮为第三个按钮

表 8-14　参数 4

值	符号常量	说明
0	VbApplicationModal	应用程序强制返回：应用程序一直被挂起，直到用户对消息框作出响应才继续工作
4096	VbSystemModal	系统强制返回：全部应用程序都被挂起，直到用户对消息框作出响应才继续工作

对话框类型中的参数由上述 4 类数值所组成，其组成原则是从每一类中选择一个值，把这几个值加在一起就是参数的值（在大多数应用程序中，通常只使用前 3 类数值）。不同的组合会得到不同的结果。每种数值都有相应的符号常量，其作用与数值相同。例如：

```
16=0+16+0 '显示“确定”按钮、“暂停”图标、默认按钮为“确定”
50=2+48+0 '显示“终止”“重试”“忽略”3 个按钮，“！”图标，默认按钮为“终止”。
```

③函数值说明。MsgBox 函数返回的值指明了在对话框中选择了哪个按钮，这个值与所选的按钮有关。函数显示的对话框有 7 种按钮，返回的值与这 7 种按钮相对应，见表 8-15 所列。

表 8-15　MsgBox 函数值

返回值	操作	符号常量
1	选“确定”按钮	VbOk
2	选“取消”按钮	VbCancel
3	选“终止”按钮	VbAbort
4	选“重试”按钮	VbRetry
5	选“忽略”按钮	VbIgnore
6	选“是”按钮	VbYes
7	选“否”按钮	VbNo

④MsgBox 函数也可以写成语句形式，即：

```
MsgBox(<消息内容> [，<对话框类型> [，<对话框标题>]]
```

各参数的含义及作用与 MsgBox 函数相同。由于 MsgBox 语句没有返回值，因而常用于简单的信息显示。例如：

```
MsgBox "保存成功"
```

执行上述语句，显示的信息框如图 8-6 所示。

图 8-6　简单信息框

（2）输入对话框。

函数格式如下：

```
<变量>=InputBox(<提示内容> [,<对话框标题>][,<默认内容>])
```

其中：

- <提示内容>：指定在对话框中出现的文本。在<提示内容>中使用硬回车符 Chr(13) 可以使文本换行。对话框的高度和宽度随着<提示内容>的增加而增加，最多可有 1024 个字符。
- <对话框标题>：指定对话框的标题。
- <默认内容>：可以指定输入的文本框中显示的默认文本。若单击“确定”按钮，文本框中的文本将返回到变量中；若单击“取消”按钮，返回的将是一个零长度的字符串。如果省略了某些可选项，必须加入相应的逗号分隔符。

5. 自定义对话框

（1）自定义对话框的定义。自定义对话框就是用户创建的含有控件的特殊窗体，这些控件包括命令按钮、选取按钮和文本框等，它们可以为应用程序接收信息。通过设置属性值来自定义窗体的外观，也可以编写在运行阶段显示对话框的程序代码。对话框的窗体与一般的窗体在外观上是有所区别的，对话框没有控制菜单框及“最大化”和“最小化”按钮，不能改变它的大小，所以对话框应作见表 8-16 的属性设置。

表 8-16　对话框属性设置

属性	值	说明
BorderStyle	1	边框类型为固定的单个边框，防止对话框在运行时被改变尺寸
ControlBox	False	取消控制菜单框
MaxButton	False	取消“最大化”按钮，防止对话框在运行时被最大化
MinButton	False	取消“最小化”按钮，防止对话框在运行时被最小化

（2）对话框的种类。Windows 应用程序有两种不同类型的对话框：模式对话框和非模式对话框。

模式与非模式的概念。

● 模式对话框：在可以继续操作应用程序的其他部分之前，必须被关闭（隐藏或卸载）。显示重要信息的对话框应当是模式的，即在继续做下去之前，总是要求用户应先关闭对话框或对它的消息作出响应。

● 非模式对话框：允许用户在对话框与其他窗体之间转移焦点而不用关闭对话框。当对话框正在显示时，可以在当前应用程序的其他地方继续工作。非模式对话框较少应用，一般用于显示频繁使用的命令与信息。

利用“公用对话框”所打开的对话框及使用MsgBox函数或InputBox函数建立的对话框都是模式的。对于自行设计的对话框，可以使用窗体的Show方法，决定对话框窗体的显示模式。格式为：

```
<窗体对象>.Show[style[, owner]]
```

其中，style表示模式风格，是一个整数，取值见表8-17所列。

表8-17 style参数

值	常量	说明
1	VbModal	模式
0	VbModaless	非模式（默认）

6. 通用对话框

一些应用程序中经常需进行打开、保存、选择颜色和字体、打印等操作，此时就需要在应用程序中提供相应的对话框以方便使用，这些对话框作为Windows的资源，在VB中已被做成“公共对话框”控件。“公共对话框”控件为用户提供了一组标准的系统对话框，它的名称为“Microsoft Common Dialog Control 6.0”。

（1）添加“公共对话框”控件，如图8-7所示。

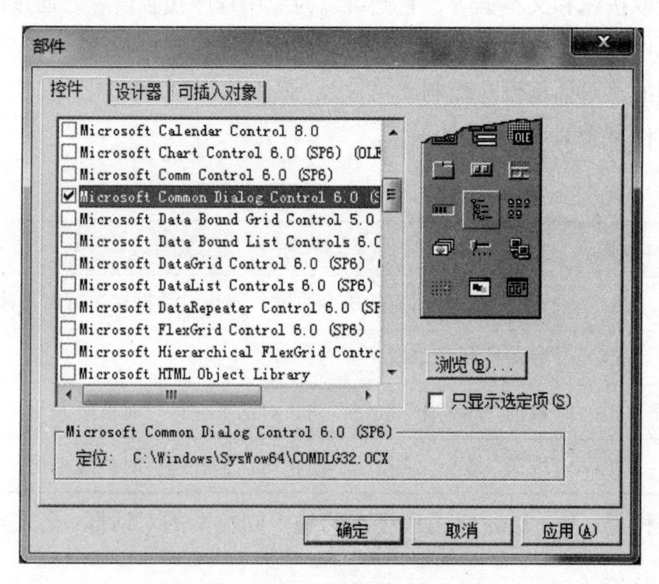

图8-7 选择“公共对话框”控件

（2）使用“公共对话框”。在应用程序中使用“公共对话框”控件，需要将它添加到窗体中。由于在程序运行阶段看不见“公共对话框”控件。因此可将它放置在窗体的任何位置。公共对话框均采用Show方法明确对话框的类型，共有6种方法明确相应的对话框，见表8-18所列。

表8-18　通用对话框控件的方法列表

名称	功能
ShowOpen	显示文件打开对话框
ShowSave	显示保存文件对话框
ShowColor	显示颜色对话框
ShowFont	显示字体对话框
ShowPrinter	显示打印对话框
ShowHelp	显示帮助对话框

7. 文件对话框

（1）“打开”对话框。“打开”对话框可以用来指定欲打开文件所在的驱动器、文件夹及文件名、文件扩展名，运行时选定文件并关闭对话框后，可用FileName属性得到文件所在的驱动器、文件夹及文件名、文件扩展名。

使用“打开”对话框的步骤如下：

①先在窗体中添加“公共对话框”控件。

②然后在“属性页”对话框中设置属性，如图8-8所示。

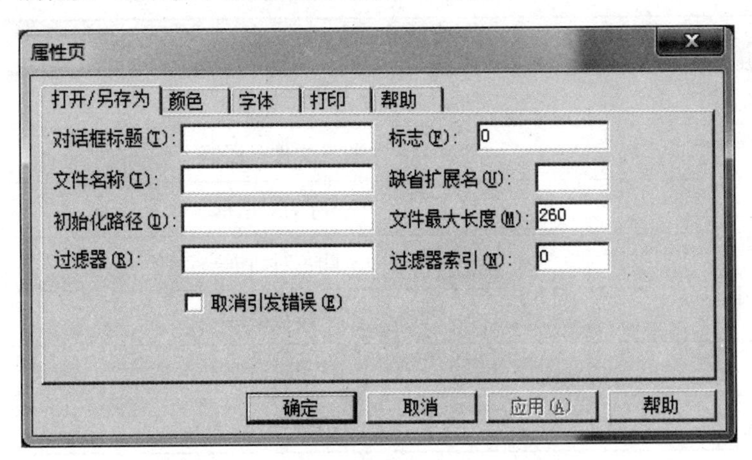

图8-8　“属性页”对话框

其中各属性描述见表8-19所列。

表8-19　“属性页”对话框各属性

属性	描述
对话框标题（DialogTitle）	用于设置对话框的标题，默认为“打开”

续表

属性	描述
文件名称（FileName）	用于设置对话框中“文件名称”的默认值，并返回用户所选中的文件名
初始化路径（InitDir）	用于设置初始的文件目录，并返回用户所选择的目录。若未设置该属性，系统默认当前目录
过滤器（Filter）	用于设置显示文件的类型，格式为：描述|通配符，若需设置多项时，可用管道符（|）隔开
标志（Flags）	用于设置对话框的一些选项，可以是多个值的组合
默认扩展名（DefaultExt）	为该对话框返回或设置默认的文件扩展名，当保存一个没有扩展名的文件时，自动给文件指定由DefaultExt属性指定的扩展名
文件最大长度（MaxFileSize）	用于设置被打开文件的最大长度，取值为[1，2k]，默认为260
过滤器索引（FilterIndex）	设置“打开”或“另存为”对话框中默认过滤器的索引。当用Filter属性为“打开”或“另存为”对话框指定过滤器时，该属性指定默认的过滤器，对于所定义的第一个过滤器其索引是1

③最后使用CommonDialog控件的ShowOpen方法来显示“打开”对话框。

基本属性Action直接决定打开何种类型的对话框，见表8-20所列。该属性不能在属性窗口内设置，只能在程序中赋值，用于调出相应的对话框。

表8-20 Action属性

属性值	说明
0	无对话框显示
1	打开文件对话框
2	另存为对话框
3	颜色对话框
4	字体对话框
5	打印对话框
6	帮助对话框

（2）“另存为”对话框。“另存为”对话框是可以用来指定文件所要保存的驱动器、文件夹及文件名和文件扩展名，如图8-9所示。

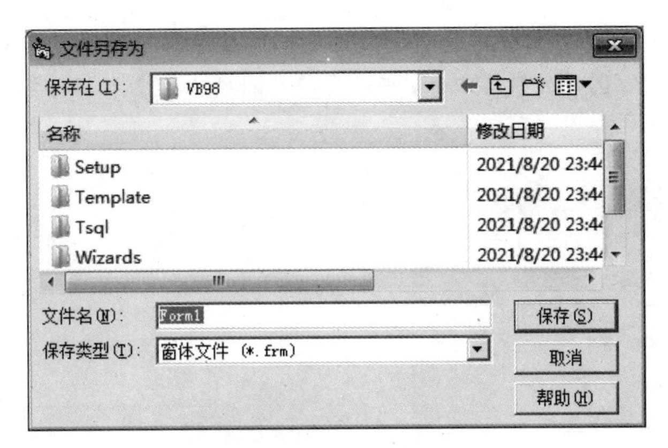

图 8-9 “另存为”对话框

使用“另存为”对话框的步骤与使用“打开”对话框相同，最后使用CommonDialog控件的ShowSave方法来显示“另存为”对话框：<控件名>.ShowSave。

（3）“颜色”对话框。“颜色”对话框用来在调色板中选择颜色或创建自定义颜色，如图 8-10 所示。

运行时选定颜色并关闭对话框后，可用Color属性得到选定的颜色。使用“颜色”对话框的步骤如下：

- 先在窗体中添加“公共对话框”控件。
- 然后在“属性页”对话框中设置属性，如图 8-11 所示。
- 最后使用CommonDialog控件的ShowColor方法来显示“颜色”对话框：

```
<控件名>.ShowColor
```

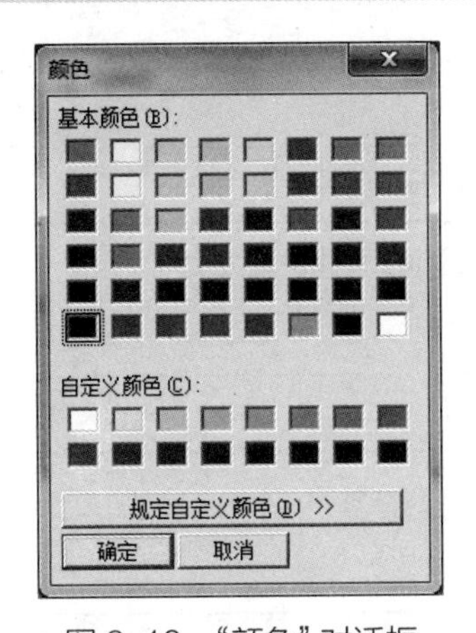

图 8-10 “颜色”对话框

图 8-11 “颜色”对话框属性页

其中属性页见表 8-21 所列。

表 8-21 “颜色”属性

属性	描述
颜色（Color）	用于设置初始颜色，并可返回用户所选的颜色
标志（Flags）	设置对话框的一些颜色

（4）“字体”对话框。“字体”对话框设置并返回所用字体的名字、样式、大小、效果及颜色。如图 8-12 所示，字段属性如图 8-13 所示。运行时选定设置并关闭对话框后，所做的设置将包含在表 8-22 中。

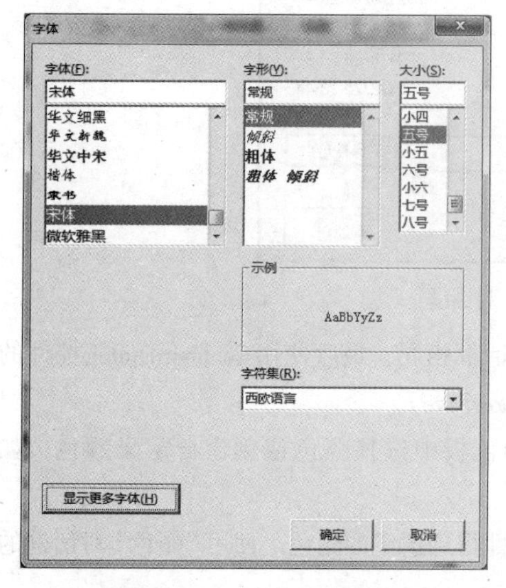

图 8-12 “字体”对话框

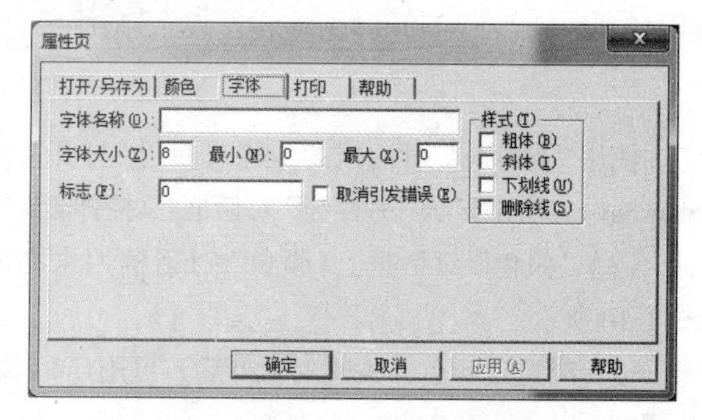

图 8-13 字体“属性页”对话框

表 8-22 “字体”对话框明确的属性

属性	确定
Color	选定的颜色。若要使用此属性，应先将 Flags 属性设置为 256
FontBold	是否选定了粗体
FontItalic	是否选定了斜体
FontStrikethru	是否选定了删除线。若要使用此属性，应先将 Flags 属性设置为 256
FontUnderline	是否选定了下划线。若要使用此属性，应先将 Flags 属性设置为 256
FontName	选定字体的名称
FontSize	选定字体的大小

其中对应各属性描述见表 8-23 所列。

表 8-23 “属性页”对应属性介绍

属性	描述
字体名称（FontName）	用于设置字体名称中的初始字体，并可返回用户所选的字体名称
字体大小（FontSize）	用于设置对话框中初始字体大小，并可返回用户所选的字体大小。默认为 8
最小（Min）和最大（Max）	用于设置对话框中“大小”列表框中的最小值和最大值
标志（Flags）	设置对话框的一些选项

续表

属性	描述
样式（Style）	用于设置字体风格，并可返回用户选中的字体风格，它包括4个选项：FontBold、FontItalic、FontUnderline、FontStrikethru

不过应注意的是：应将Flags属性设置为下列常数之一与其他选项之和：

cdlCFScreenFonts或1（屏幕字体）、cdlCFPrinterFonts或2（打印机字体）、cdlCFBoth或3（=1+2两种字体皆有）。

最后使用CommonDialog控件的ShowFont方法来显示“字体”对话框：

```
<控件名>.ShowFont
```

（5）“打印”对话框。“打印”对话框可以设置打印输出的方法（如打印范围、打印份数、打印质量等其他打印属性），此外，对话框还显示当前安装的打印机的信息，允许用户重新设置默认打印机，如图8-14所示。

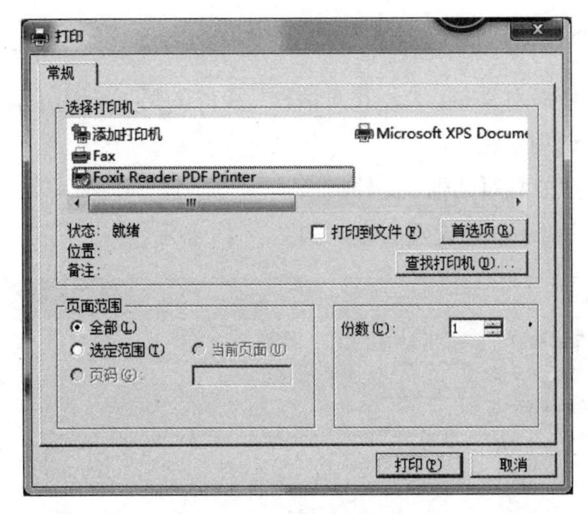

图8-14 “打印”对话框

使用“打印”对话框的步骤：先在窗体中添加“公共对话框”控件，然后在“属性页”对话框中设置属性，如图8-15所示。

图8-15 打印“属性页”对话框

其中，各属性对应描述见表 8-24 所列。

表 8-24 “打印”属性页属性介绍

属性	描述
复制（Copies）	用于设置打印的份数
标志（Flags）	设置对话框的一些选项。当Flags属性为256时，将显示“打印”对话框
最小（Min）	用于设置可打印的最小页数
最大（Max）	用于设置可打印的最大页数
其始页（Formpage）	用于要打印的起始页数
终止页（Topage）	用于要打印的终止页数
方向（Orientation）	用于确定以纵向或横向模式打印文档

最后使用CommonDialog控件的ShowPrinter方法来显示“打印”对话框：

```
<控件名>.ShowPrinter
```

（6）调用Windows帮助对话框。“公共对话框”控件的另一个用途是使用ShowHelp方法调用Windows帮助引擎。调用步骤：

①先在窗体中添加“公共对话框”控件。

②然后在“属性页”对话框中设置属性，如图 8-16 所示。

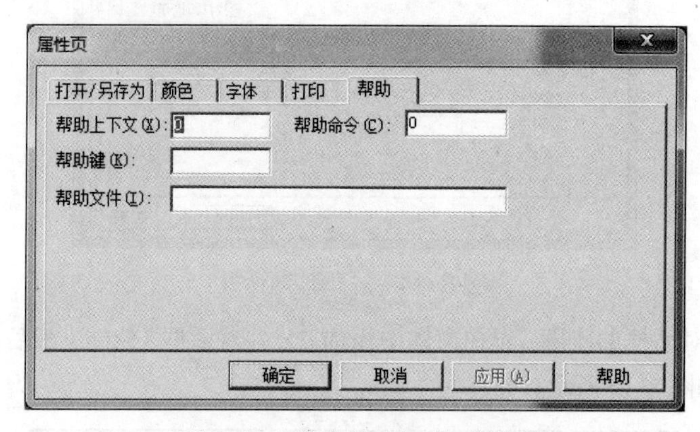

图 8-16 帮助“属性页”对话框

③最后使用CommonDialog控件的ShowHelp方法调用帮助引擎：

```
<控件名>.ShowHelp
```

所有这些对话框中有一个公共的属性——CancelError属性，用于设置当用户选择对话框的Cancel按钮时是否让系统发出一个出错信息。

三、实验示例

实例 8.1 建立一个通过输入磁盘上的路径及可执行文件名执行指定程序的对话框，

且能控制运行后对话框的风格。

1. 题意分析

若程序文件名没有包括.bat、.com或.exe等扩展名，则扩展名默认为.exe，若程序不在当前目录下，则应包括完整的路径名，另外还需设置对话框的边界风格。

2. 设计界面（图8-17）

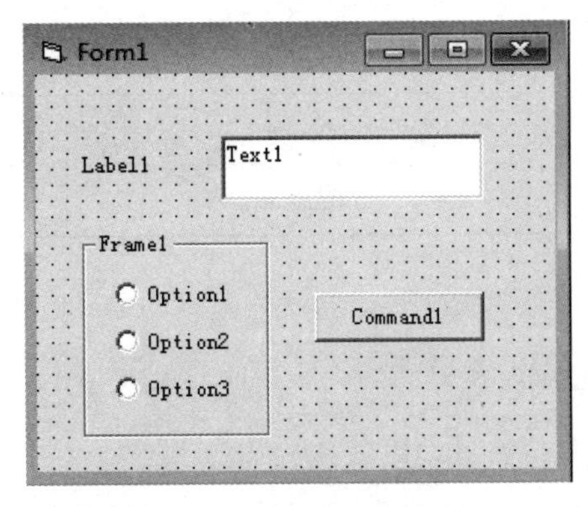

图8-17 实例8.1设计界面

3. 设置属性（表8-25、表8-26）

表8-25 设置属性

属性	属性值
Name	RunForm
Caption	运行
ControlBox	True
BorderStyle	3
MaxButton	False
MinButton	False

表8-26 对象属性

对象	属性	属性值
Label1	Caption	文件名
Text1	Name	rtext
	Text	
Frame1	Caption	选项
Option1	Name	noption
	Caption	常规

续表

对象	属性	属性值
Option2	Name	maxoption
	Caption	最大化
Option3	Name	minoption
	Caption	最小化
Command1	Name	cmrun
	Caption	运行

4. 编写代码

```
Private Sub cmrun_Click()
    Dim retval As String
    On Error GoTo errorhandler
    If noption Then retval = Shell(rtext.Text, 1)
    If maxoption Then retval = Shell(rtext.Text, 3)
    If minoption Then retval = Shell(rtext.Text, 2)
    Exit Sub
errorhandler:
    MsgBox ("不能运行该程序")
    Resume Next
End Sub
```

5. 运行结果(图 8-18)

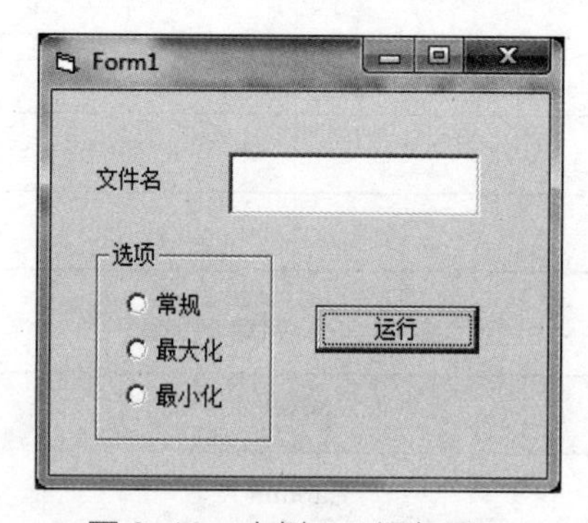

图 8-18　实例 8.1 运行界面

实例 8.2 设计一个窗体，运行时，单击“打开文件”按钮，将弹出“打开”对话框。选择待打开的文件后，单击“打开”按钮，将打开文件并把文件内容显示在窗体的文本框中。

1. 设计界面（图 8-19）

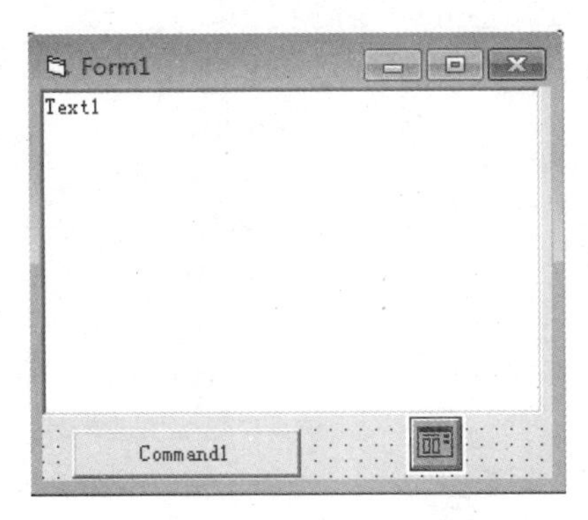

图 8-19　实例 8.2 设计界面

2. 设置属性（表 8-27）

表 8-27　设置属性

对象	属性	属性值
Form	Caption	显示文件内容
Text1	Text	
	Name	txtfile
	Multiline	True
	ScrollBars	3
Command1	Caption	打开文件(&O…)
	Name	cmdopen
公用对话框	Name	dlgcommon

3. 编写代码

```
Dim mstrfile As String  ' mstrfile用于存放文件名
Private Sub cmdopen_Click()
    Dim strline
    dlgcommon.CancelError = True
     On Error GoTo errhandler
     dlgcommon.Filter = "所有文件(*.*)|*.*|文本文件(*.txt)|*.txt"
     dlgcommon.FilterIndex = 2
     dlgcommon.Flags = &H10
     dlgcommon.ShowOpen
     mstrfile = dlgcommon.FileName
     txtfile.Text = ""
     filenum = FreeFile
     Open mstrfile For Input As filenum
```

```
    Do While Not EOF(filenum)
       Line Input #filenum, strline
       txtfile.Text = txtfile.Text + strline + Chr(13) + Chr(10)
    Loop
    Close filenum
    Exit Sub
errhandler:
    If Err.Number = 32755 Then
       MsgBox "未选择文件", vbExclamation, "警告"
       Exit Sub
    End If
End Sub
```

4. 运行结果(图 8-20)

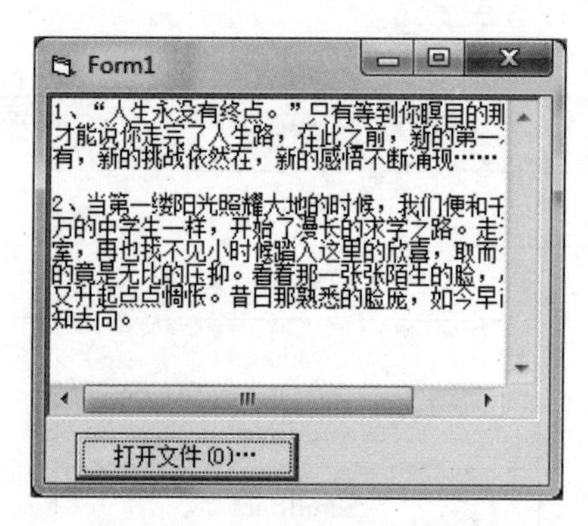

图 8-20　实例 8.2 运行结果

实例 8.3 设计如下程序，当文本框中没有任何文字时，“字体大小”菜单中的各项均为灰色显示，表示当前不可用；当用户向文本框中输入了文字后选择某菜单时，可将文字大小设为对应值，并在当前活动项的前面加一个“√”。

1. 设计界面

在窗体中添加一个标题为“字体大小”的菜单(其中包含由“10”“12”“14”三个选项组成的菜单控件数组，索引值分别为 1、2、3，如图 8-21 所示。在窗体中添加一个文本框，并调整大小。

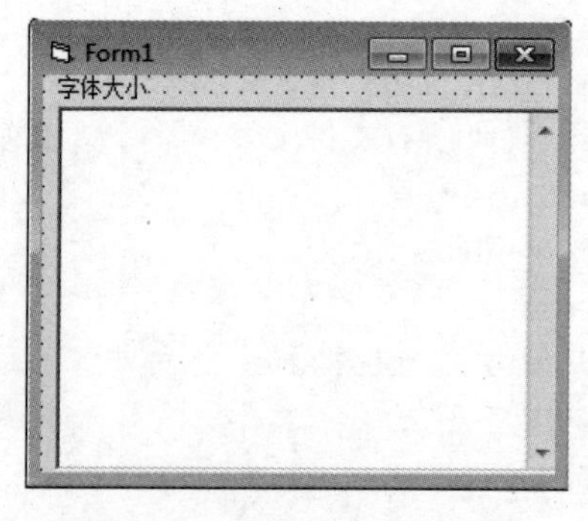

图 8-21　实例 8.3 设计界面

2. 设置属性（表 8-28）

表 8-28 设置属性

标题（Caption）	名称（Name）	说明
字体大小	main	主菜单
10	size(1)	菜单项 1
12	size(2)	菜单项 2
14	size(3)	菜单项 3

将文本框 Text1 的 Multiline 属性设为“True”，将 ScrollBars 属性设为 2。

3. 编写代码

```
Dim a As Integer
Private Sub Form_Resize()
    Text1.Width = ScaleWidth
    Text1.Height = ScaleHeight
End Sub

Private Sub Main_Click()
    If Text1.Text = "" Then
        size(1).Enabled = False
        size(2).Enabled = False
        size(3).Enabled = False
    Else
        size(1).Enabled = True
        size(2).Enabled = True
        size(3).Enabled = True
    End If
End Sub

Private Sub size_Click(Index As Integer)
    Select Case Index
        Case 1
            size(3).Checked = False
            size(2).Checked = False
            size(1).Checked = True
            Text1.FontSize = 10
        Case 2
            size(1).Visible = True
            size(1).Checked = False
            size(3).Checked = False
            size(2).Checked = True
            Text1.FontSize = 12
```

```
            If a = 1 Then
                Unload size(4)
                a = 0
            End If
        Case 3
            size(2).Checked = False
            size(1).Checked = False
            size(3).Checked = True
            Text1.FontSize = 14
            size(1).Visible = False
            If a = 0 Then
                Load size(4)
                a = 1
                size(4).Visible = True
                size(4).Caption = "16"
            Else
                size(4).Checked = False
            End If
        Case 4
            size(2).Checked = False
            size(3).Checked = False
            size(4).Checked = True
            Text1.FontSize = 16
    End Select
End Sub
```

4. 运行结果（图 8-22）

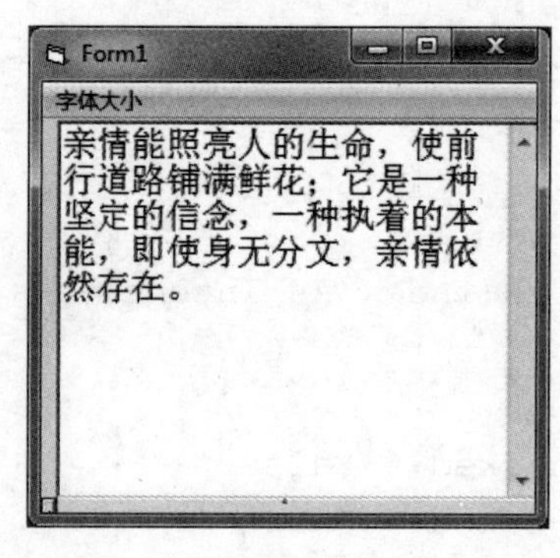

图 8-22　实例 8.3 运行结果

四、上机实验

（1）建立一个“选项程序”的窗体及程序代码，要求：窗体格式如图 8-23 所示，单击下拉式菜单选项“增加”，可增加一个新工程，每单击一次就增加一个新工程，单击下拉式菜单选项“删除”，可删除增加的最后一个选项；单击“结束”可终止程序的执行。

（2）为窗体中的文本框设计一个快捷菜单，用于改变文本框中显示文本的颜色。

（3）设计一个具有算术运算及清除功能的菜单，在键盘上输入两个数，利用菜单命令计算加、减、乘或除，并显示出来，如图 8-24 所示。

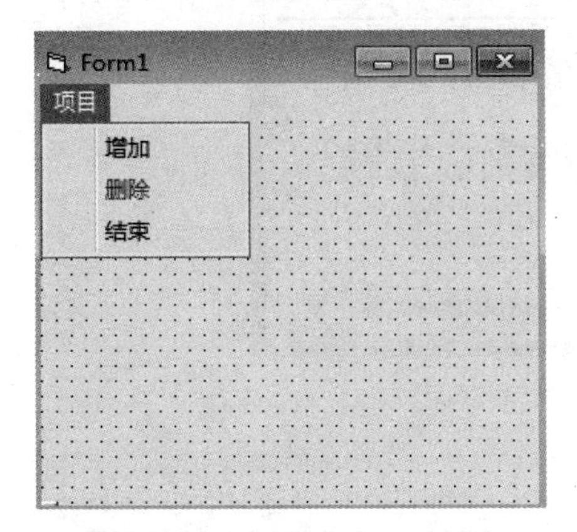

图 8-23　上机实验 1 运行界面

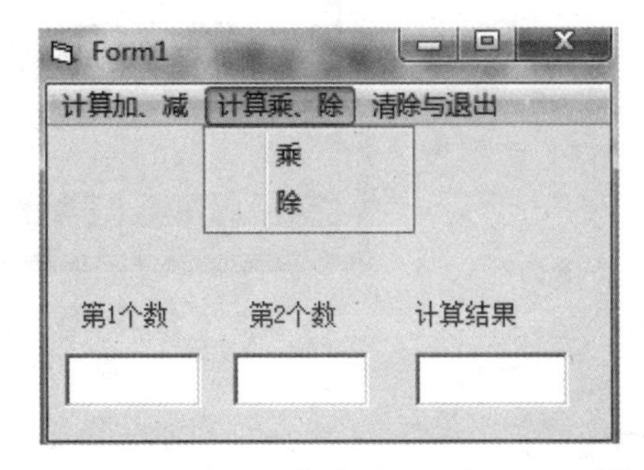

图 8-24　上机实验 3 运行界面

（4）建立一个弹出式菜单，该菜单包括 4 个命令，分别为“北京”“南京”“南昌”“昆明”。程序运行后，单击弹出的菜单中的某个命令，即在标签中显示相应的城市名，在文本框中显示相应的名胜古迹和风景区的名字。

（5）编写一个程序，程序中有两个窗体，第一个是普通窗体（如图 8-25（a）所示），第二个是“查找”对话框（如图 8-25（b）所示）。运行时，将首先显示第一个窗体。单击“打开”按钮，将弹出“打开”对话框。将选择的文本文件打开后，能在文本框中显示文件的内容。单击“查找”按钮，将以非模态方式打开“查找”对话框。可以在“查找”对话框中键入待查找的内容，再单击“查找下一个”按钮来查找并显示找到的内容。

（a）

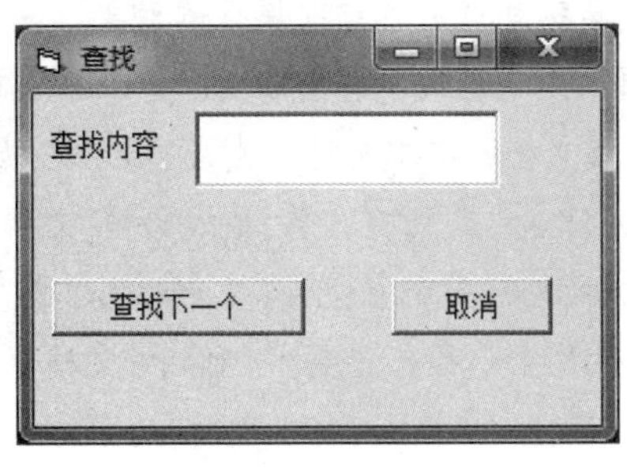

（b）

图 8-25　上机实验 5 运行界面

（6）建立窗体并设置标签、命令按钮和公共对话框。其作用是，通过命令按钮可以显示“打开”“颜色”“字体”“打印设置”对话框，并能将选择结果显示在标签上。

（7）使用公共对话框设计一个简易文本编辑器，具有创建、编辑和打印普通文件的功能，如图 8-26 所示。

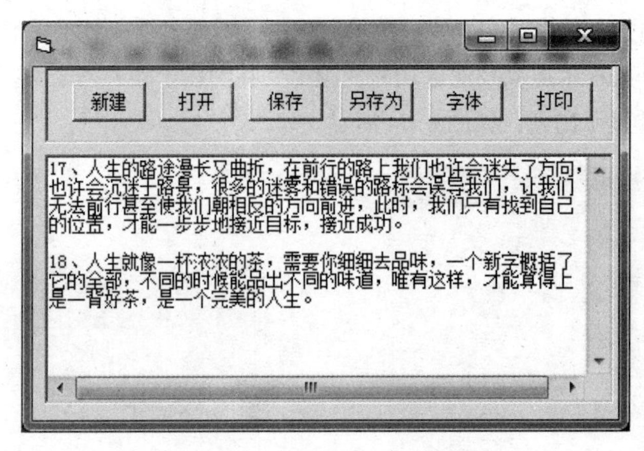

图 8-26　上机实验 7 运行界面

8.2 习题

选择题

1. 以下叙述中错误的是______。

A. 菜单名称是程序使用菜单的标识

B. 菜单名称是设置菜单属性的对象

C. 菜单名称是显示在菜单项上的字符串

D. 菜单名称是引用菜单项属性的对象

2. 设通用对话框的名称为CD1，如果希望在“打开”对话框中的“文件类型”列表中包含所有文件、Word文档和文本文件，则应将Filter属性设置为______。

A. CD1.Filter= " 所有文件|Word文档|文本文件|"

B. CD1.Filter= " 所有文件|*. *|Word文档|*. Doc|文本文件|*. txt"

C. CD1.Filter= 所有文件|*. *|Word文档|*. Doc|文本文件|*. Txt

D. CD1.Filter= " *. *|所有文件|*. Doc|Word文档|*. txt |文本文件"

3. 以下叙述中错误的是______。

A. 每个菜单项都是 1 个控件，与普通控件一样，也有属性和事件

B. 菜单项只能响应Click事件

C. 菜单项的索引号必须从 1 开始

D. 菜单项的索引号可以不连续

4. 以下说法正确的是______。

A. 任何时候都可以通过执行“工具”菜单中的“菜单编辑器”命令打开菜单编辑器

B. 只有当某个窗体为当前活动窗体时，才能打开菜单编辑器

C. 任何时候都可以通过单击标准工具栏上的“菜单编辑器”按钮打开菜单编辑器

D. 只有当代码窗口为当前活动窗口时，才能打开菜单编辑器

5. 假定已经在菜单编辑器中建立了窗体的弹出式菜单，其顶级菜单的名称为a1，其“可见”属性为False，则程序运行后，可以同时响应鼠标左键单击和右击的事件过程是____。

A.

```
Private Sub Form_MouseDown(Button As Integer,Shift As Integer, _
                                X As Single,Y As Single)
      If Button=1 And Button=2 Then
          PopupMenu a1
      EndIf
   End Sub
```

B.

```
Private Sub Form_MouseDown(Button As Integer,Shift As Integer, _
                                X As Single,Y As Single)
         PopupMenu a1
   End Sub
```

C.

```
Private Sub Form_MouseDown(Button As Integer,Shift As Integer, _
                                X As Single,Y As Single)
      If Button=1 Then
         PopupMenu a1
      EndIf
   End Sub
```

D.

```
Private Sub Form_MouseDown(Button As Integer,Shift As Integer, _
                                X As Single,Y As Single)
      If Button=2 Then
         PopupMenu a1
      EndIf
   End Sub
```

6. 如果设置了通用对话框的以下属性——DefaultExt="doc", FileName="c:\file1.txt",Filter="　　应用程序|*.exe"，则显示“打开”对话框时，在“文件类型”下拉列表中的默认文件类型是_____。

A. 应用程序(*.exe)　B. *.doc　C. *.txt　D. 不确定

7. 假设有1个菜单项，名称为MenuIem，为了在运行时使该菜单项失效(变成灰色)，应使用的语句是______。

A. MenuItem.Enabled=False　B. MenuItem.Enabled=True

C. MenuItem.Visible=True　D. MenuItem.Visible=False

8. 下面不是菜单编辑器中的组成部分的是______。

A. 编辑区　　B. 菜单项显示区　　C. 菜单栏　　D. 数据区

9. 在窗体上放置1个通用对话框CommandDialog1及1个命令按钮Command1，编写程序：

```
Private Sub Command1_Click()
   CommandDialog1.Flags=cdlOFNHideReadOnly
   CommandDialog1.Filter="All Files(*.*)|*.*|Text Files(.txt)|*.
txt" _
                        & "Batch Files(*.bat)|*.bat"
   CommandDialog1.FilterIndex=2
   CommandDialog1.ShowOpen
   MsgBox CommandDialog1.FileName
End Sub
```

程序运行后单击“命令”按钮，将显示1个“打开”对话框，此时在“文件类型”框中显示的是_____。

A. All Files(*.*)　　B. Text Files(*.txt)

C. Batch Files(*.bat)　　D. 不确定

10. 下列不能打开菜单编辑器的操作是______。

A. 按Ctrl+E键

B. 单击工具栏中的“菜单编辑器”按钮

C. 执行“工具”菜单中的“菜单编辑器”命令

D. 按Shift+Alt+M键

11. 假定有如下事件过程：

```
Private Sub Form_MouseDown(Button As Integer,Shift As Integer, _
                           X As Single,Y As Single)
  If Button=2 Then
    PopupMenu popForm
  EndIf
End Sub
```

则以下描述中错误的是______。

A. 该过程的作用是弹出一个菜单

B. popForm是在菜单编辑器中定义的弹出菜单的名称

C. Button=2表示按下的是鼠标左键

D. 参数X，Y指明鼠标的位置

12. 假定通用对话框为CommandDialog1，则能使打开的对话框的标题显示“New Title”的事件过程是_____。

```
A.  Private Sub Command1_Click()
       CommandDialog1.DialogTitle="New Title"
       CommandDialog1.ShowPrinter
    End Sub
B.  Private Sub Command1_Click()
```

```
    CommandDialog1.DialogTitle="New Title"
    CommandDialog1.ShowFont
  End Sub
C.  Private Sub Command1_Click()
    CommandDialog1.DialogTitle="New Title"
    CommandDialog1.ShowOpen
  End Sub
D.  Private Sub Command1_Click()
    CommandDialog1.DialogTitle="New Title"
    CommandDialog1.ShowColor
  End Sub
```

13. 使用通用对话框控件时，为了在打开的对话框的标题栏上显示“保存文件”，应设置的属性是____。

A. DialogTitle　　B. FileName　　C. FileTile　　D. FontName

14. 用通用对话框控件可以建立多种对话框，下列不能使用该控件建立的对话框是____。

A.“打开”对话框　　B.“另存为”对话框　　C.“显示”对话框　　D.“颜色”对话框

15. 假定在窗体上已添加了通用对话框控件，其名称为CommandDialog1，为了显示“打开”对话框，应使用的语句是_____。

A. CommandDialog1.Action=1　　B. CommandDialog1.Action=2

C. CommandDialog1.Action=3　　D. CommandDialog1.Action=4

16. 若需将窗体隐藏起来，实现的方法是____。

A. Hide　　B. Unload　　C. Show　　D. WindowState

17. 当程序运行时，在窗体上单击鼠标，以下选项窗体不会接收到的事件是____。

A. MouseDown　　B. MouseUp　　C. Load　　D. Click

18. MDI子窗体的设计与MDI窗体无关，其创建方法与一般窗体相同，只需将其____属性设置为True。

A. MDIChild　　B. MDIForm　　C. WindowList　　D. WindowState

19. 假定在窗体上添加了1个通用对话框CommandDialog1，则以下语句中正确的是_____。

A. CommandDialog1.Filter="All Files(*.*)|*.*|Pictures(*.bmp)|*.bmp"

B. CommandDialog1.Filter="All Files(*.*)"|*.*|"Pictures(*.bmp)"|*.bmp

C. CommandDialog1.Filter={All Files(*.*)|*.*|Pictures(*.bmp)|*.bmp}

D. CommandDialog1.Filter=All Files(*.*)|*.*|Pictures(*.bmp)|*.bmp

20. 以下叙述中错误的是_____。

A. 在程序运行时，通用对话框控件是不可见的

B. 在同一个程序中，用不同的方法（如ShowOpen或ShowSave等）激活同一个通用对话框，可以使该通用对话框具有不同的作用

C. 调用通用对话框的ShowOpen方法，能直接打开在该通用对话框中指定的文件

D. 调用通用对话框的ShowColor方法，可以打开颜色对话框

21. 在用通用对话框控件建立“打开”或“保存”文件对话框时，如果需要指定文件列表框

所列出的是文本文件类型，则正确的描述格式是______。

A. "text(.txt)|(*.txt) "　　　　B. "文本文件(*.txt)|(.txt) "

C. "text(.txt)||(*.txt) "　　　　D. "text(.txt)(*.txt) "

22. 以下叙述中错误的是_____。

A. 在同一窗体的菜单项中，不允许出现Name属性相同的菜单项

B. 在菜单的标题栏中，"&"引导的字母指明了访问该菜单项的访问键

C. 在程序运行过程中，可以重新设置菜单的Visible属性

D. 同一个窗体中的所有弹出式菜单都在同一个菜单编辑器中定义

23. 假设有1个菜单项，名称为MenuIem，为了在运行时隐藏该菜单项，应使用的语句是_____。

A. MenuItem.Enabled= True　　　　B. MenuItem.Enabled= False

C. MenuItem.Visible=True　　　　D. MenuItem.Visible=False

第9章

图形技术

9.1 实验

一、实验目的

（1）了解VB的图形功能。

（2）掌握图形控件和与绘画有关的常用属性、控件、方法。

（3）掌握绘图方法。

二、本实验知识点

1. 坐标系统

坐标系统是一个二维网格，可用来定义屏幕上、窗体中或图片框上的位置。例如窗体中的坐标，可以使用（x，y）来表示。其中x是沿x轴点的位置，最左端是默认位置0。y值是沿y轴点的位置，最上端的默认位置0。

VB的坐标系统分为三类：默认坐标系、标准坐标系和自定义坐标系。

（1）默认坐标系。在默认坐标系中，容器的左上角坐标为原点（0,0）。当位于容器内的对象沿着x轴向右移动或沿着y轴向下移动，坐标值增加。对象的Top值和Left值指定了该对象左上角距离容器左上角（0,0）在垂直方向和水平方向的偏移量。

（2）标准坐标系。用户可以使用ScaleMode属性设置标准坐标系，在设计阶段通过属性窗口进行设置。VB提供了8个度量单位，除属性值0外，其他7个单位用来设定绘图时所使用的度量单位，如果不设定，则绘图时以缇为单位，使用默认坐标系，如属性值为2、3、4、5、6、7之一，则使用的是标准坐标系。

（3）自定义坐标系。VB用户可以根据编程需要定义自己的坐标系。VB提供了两种自定义坐标系的方法，一种是使用Scale方法，另一种是设置ScaleTop、ScaleLeft、ScaleWidth、ScaleHeight属性的值的方法。

2. 图形的属性

(1)CurrentX、CurrentY属性。CurrentX、CurrentY属性给出在容器内绘图时的当前横坐标、纵坐标，这两个属性只能在程序中设置。

格式为：

```
[对象名.]CurrentX[=x]
[对象名.]CurrentY[=y]
```

功能：设置对象的CurrentX和CurrentY的值。

(2)DrawWidth(线宽)属性。窗体、图片框或打印机的DrawWidth属性给出这些对象上所画线的宽度或点的大小。

格式为：

```
[对象名.]DrawWidth [=n]
```

功能：设置容器输出的线宽。

说明：n为数值表达式，其范围为1~32767，该值以像素为单位表示线宽。默认值为1，即1个像素宽。

(3)DrawStyle(线型)属性。窗体、图片框或打印机的DrawStyle属性给出这些对象上所画线的形状。

(4)AutoRedraw属性。AutoRedraw属性用于设置和返回对象或控件是否能自动重绘。

(5)FillStyle和FillColor属性。封闭图形的填充方式由FillStyle和FillColor属性决定。

FillColor属性指定填充图案的颜色，默认的颜色ForeColor相同。FillStyle属性指定填充的图案，共有8种内部图案。

(6)色彩。VB默认采用前景色(ForeColor)绘图，也可以通过以下函数设置颜色。

①RGB函数。RGB函数通过红、绿、蓝三基色混合产生某种颜色。

格式为：

```
RGB(red,green,blue)
```

说明：red、green、blue代表红、绿、蓝三色成分，取值范围为0~255之间的整数。例如RGB(0,0,0)返回黑色，RGB(255,255,255)返回白色。

②QBColor函数。QBColor函数返回一个用来表示所对应颜色值的RGB颜色码。

格式为：

```
QBColor(Color)
```

说明：Color参数是一个介于0~15的整型值。

3. 图形控件

(1)Line控件。Line控件主要用于绘制直线，该控件既可以在设计时使用，也可以在运行时使用。

(2)Shape。Shape控件主要用来绘制矩形、正方形、椭圆、圆形、圆角矩形或圆角正方形。

（3）PictureBox。PictureBox控件的主要作用是为用户显示图片，也可作为其他控件的容器。

（4）Image控件。Image控件用于显示保存在图形文件中的图像。

4. 图形的方法和事件

（1）PSet方法。PSet方法可以在对象的指定位置（x,y）按给定的像素颜色画点。

语法格式：

```
[<Object>.]PSet [Step] (x,y),[color]
```

（2）Point方法。Point方法用于返回指定像素点的RGB颜色值，其语法格式如下：

```
Object.Point(x,y)
```

（3）Line方法。Line方法可以在两个坐标之间绘制直线和长方形。其语法格式如下：

```
Line[[Step](x1,y1)]-[Step](x2,y2) [,color] [,B[F]]
```

（4）Circle方法。Circle方法可画出圆形和椭圆形的各种形状，还可以画出圆弧。使用编号的Circle方法，可画出多种曲线。

```
[<object>.]circle[Step](x,y),<半径>,[color,start,end,aspect]
```

（5）Paint事件。窗体和PictureBox控件都有Paint事件，通过使用Paint事件过程，可以保证必要的图形都得以重现（如窗体最小化后，恢复到正常大小时，窗体内所有图形都得到重画）。

三、实验示例

实例 9.1 通过选项设置图形的样式、线型及填充效果。

1. 设计界面

设计界面如图9-1所示，3个Frame控件，三组Option控件，一个Shape控件。属性设置见表9-1所列。

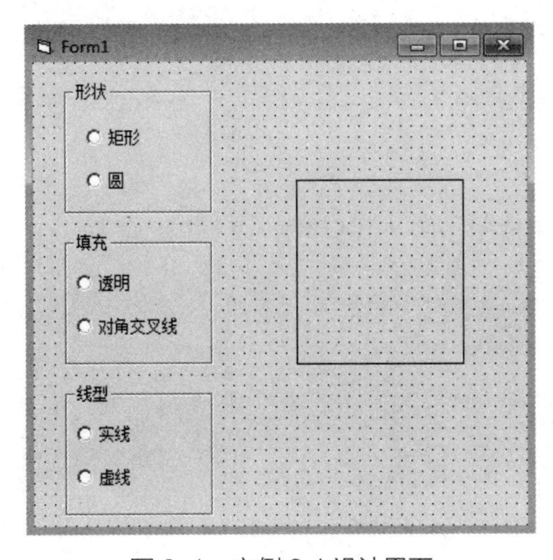

图9-1　实例9.1设计界面

表9-1　设置属性

对象	属性	属性值
Frame1	Caption	形状
Frame2	Caption	填充
Frame3	Caption	线型
Option1(0)	Caption	矩形
Option1(1)	Caption	圆
Option2(0)	Caption	透明
Option2(1)	Caption	对角交叉线
Option3(0)	Caption	实线
Option3(1)	Caption	虚线

2. 编写代码

```
Private Sub Option1_Click(Index As Integer)
Select Case Index
 Case 0
  Shape1.Shape = 0
 Case 1
  Shape1.Shape = 3
End Select
End Sub
Private Sub Option2_Click(Index As Integer)
Select Case Index
 Case 0
  Shape1.FillStyle = 1
 Case 1
  Shape1.FillStyle = 7
End Select
End Sub
Private Sub Option3_Click(Index As Integer)
Select Case Index
 Case 0
  Shape1.BorderStyle = 1
 Case 1
  Shape1.BorderStyle = 2
End Select
End Sub
```

3. 运行结果

运行结果如图 9-2 所示。

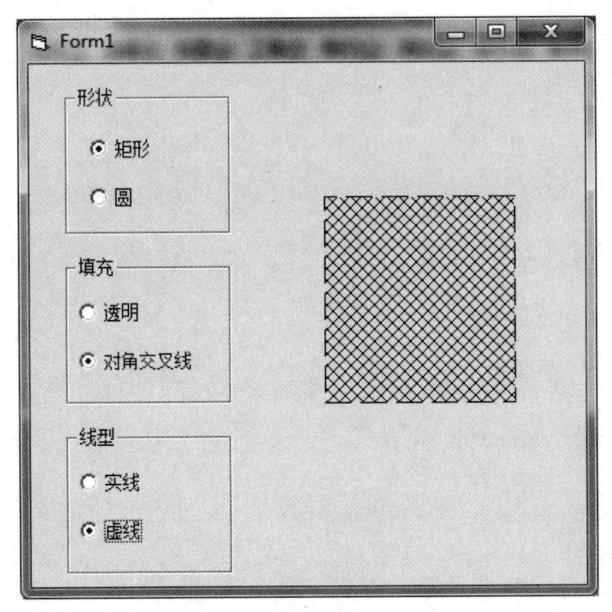

图 9-2 实例 9.1 运行结果

实例 9.2 在窗体上用Circle方法绘制一个实心圆形，用Line方法绘制一个正方形，要求圆形内切与正方形。

1. 设计界面

在窗体上添加 1 个Picture控件和 2 个按钮控件，对象的属性设置见表 9-2 所列。

表 9-2 例 9.2 属性设置

对象	属性	属性值
Form1	Caption	Circle和Line方法
	Width	4800
	Height	3600
Picture1	Left	1400
	Top	100
	Width	2000
	Height	2000
	BorderStyle	0
Command1	Caption	实心圆
Command2	Caption	正方形

2. 编写代码

```
Private Sub Form_Load()
    Form2.Width = 4800
    Form2.Height = 3600
    Picture1.Left = 1400
    Picture1.Top = 100
    Picture1.Width = 2000
    Picture1.Height = 2000
    Picture1.BorderStyle = 0
End Sub

Private Sub Command1_Click()
    Picture1.ForeColor = vbBlack
    Picture1.DrawWidth = 1
    Picture1.FillStyle = 0
    Picture1.FillColor = vbBlack
    Picture1.Scale (-4, 4)-(4, -4)
    Picture1.Circle (0, 0), 2
End Sub

Private Sub Command2_Click()
    Picture1.Scale (-4, 4)-(4, -4)
    Picture1.DrawStyle = 0
    Picture1.Line (-2, -2)-(-2, 2)
    Picture1.Line (2, -2)-(2, 2)
    Picture1.Line (-2, 2)-(2, 2)
    Picture1.Line (-2, -2)-(2, -2)
End Sub
```

3. 运行结果

运行结果如图 9-3 所示。

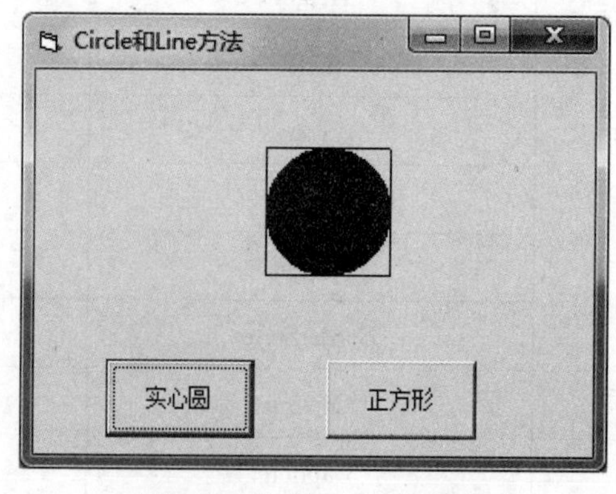

图 9-3　实例 9.2 运行结果

四、上机实验

（1）在窗体上画一系列的宽度递增的直线，效果如图 9-4 所示。

（2）用Shape控件画一个椭圆并填充竖线，效果如图 9-5 所示。

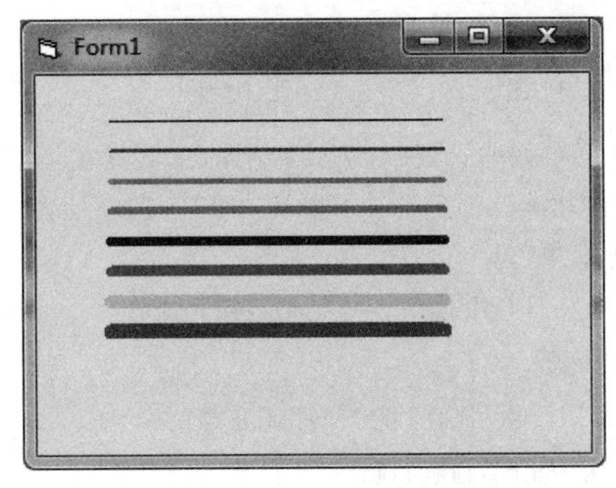

图 9-4　上机实验 1 运行界面

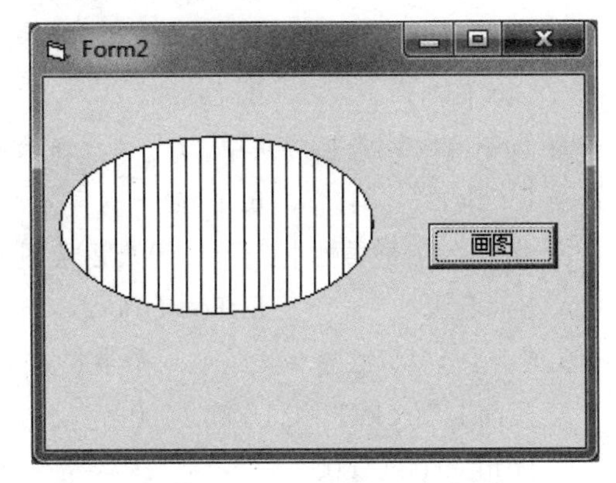

图 9-5　上机实验 2 运行界面

（3）用Circle方法画出如图 9-6 所示的图形。

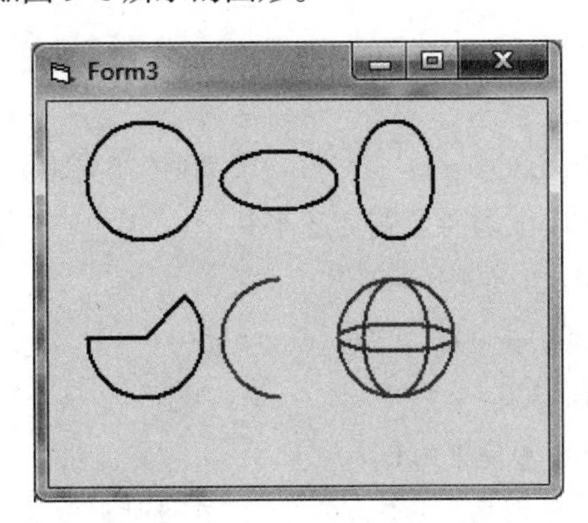

图 9-6　上机实验 3 运行界面

9.2 习题

一、选择题

1. 在程序运行中，不能指定颜色参数值的方式是（　　）。

A. QBColor 函数　　B. RGB 函数　　C. 使用 VB 的颜色常量　D. Color 函数

2. VB 窗体默认的坐标单位是（　　）。

A. cm　　B. m　　C. Twip　　D. Pix

3. 在默认情况下，VB 中图形坐标的 y 轴方向是（　　）。

A. 向下　　B. 向上　　C. 向左　　D. 向右

4. 在默认情况下，VB中图形坐标的原点在图形控件的(　　)。

A. 左下角　　B. 右上角　　C. 左上角　　D. 右下角

5. 在窗体中利用Print方法输出文本信息时，信息的输出位置由(　　)属性设置。

A. Left　　B. Top　　C. x,y　　D. CurrentX,CurrentY

6. 若要在图片框中绘制一个椭圆，可使用(　　)方法来实现。

A. Circle　　B. Line　　C. Point　　D. Pset

7. 以下有关VB绘图方法中，(　　)表示画直线。

A. Circle　　B. Line　　C. Pset　　D. Point

8. 在VB的图形属性中，(　　)表示绘图的前景颜色。

A. BackColor　　B. ForeColor　　C. FillColor　　D. PenColor

9. (　　)可以在窗体上绘制一个半径为1000的圆。

A. Form1.Circle(1000,1000),1000　　B. Line(1000,1000)-(2000,2000)

C. Point 1000,1000　　D. Pset 1000,1000

10. 以下关于VB中图形坐标的度量单位的说法，正确的是(　　)。

A. 只有一种单位：Twip　　B. 只有一种单位：cm

C. 只有一种单位：Point　　D. 可以有多种单位

11. 以下有关VB颜色的表示中，(　　)是错误的。

A. vbRed　　B. QBColor(4)　　C. RGB(255,0,0)　　D. RGB(-255,0,0)

12. 下列图形中不能用Shape控件绘制的图形是(　　)。

A. 矩形　　B. 三角形　　C. 正方形　　D. 椭圆

13. 执行命令Line(300,300)-(500,500)后，CurrentX=(　　)。

A. 500　　B. 300　　C. 200　　D. 800

14. Cls可以清除窗体或图形框中的(　　)。

A. Picture属性设置的背景图案　　B. 在设计时放置的控件

C. 程序运行时产生的图形和文字　　D. 三者都是

15. 要绘制多种样式的直线，需要设置Line控件的(　　)属性。

A. Shape　　B. BorderStyle　　C. FillStyle　　D. Style

16. 将当前窗体中显示的文字即绘制的图形全部清除，可以用方法(　　)。

A. Me.Clear　　B. Me.Cls　　C. Me=” ”　　D. Me.Delete

17. 以下不具有Picture属性的对象是(　　)。

A. 窗体　　B. 图片框　　C. 图像框　　D. 文本框

18. Print方法不允许在(　　)对象上输出数据。

A. 窗体　　B. 代码窗口　　C. 立即窗口　　D. 图片框

19. 使图形能自动按控件大小改变的控件是(　　)。

A. 标签框　　B. 框架　　C. 图片框　　D. 图像框

20. 以下属性和方法中的(　　)可以重新定义坐标系。

A. DrawStyle　　B. DrawWidth　　C. DrawMode　　D. Scale

二、填空题

1. 在窗体上画矩形或线段可调用(　　)方法。
2. 调用(　　)方法可以自定义坐标系统。
3. 调用Line方法时，必须使用(　　)参数才能画出矩形。
4. 窗体的实际高度和宽度由(　　)和(　　)属性确定。
5. 在Visual Basic中坐标轴的默认刻度单位是(　　)。
6. 调用(　　)方法可以返回指定点的颜色值。
7. 在窗体上绘制椭圆可以调用(　　)方法。
8. 调用Circle方法绘制一个实心扇形，需将窗体的FillStyle属性设置为(　　)。
9. 可清除绘图区的方法是(　　)。
10. ScaleMode属性的默认值为(　　)。

三、判断题

1. 调用Pset方法画点的大小取决于DrawWidth属性值。 (　　)
2. 调用Line方法只能画直线。 (　　)
3. 当用Line方法最后添加“F”选项时，可画一个矩形。 (　　)
4. 调用Circle方法可以画圆、椭圆、圆弧和扇形。 (　　)
5. 在窗体上绘制的封闭图形可用FillStyle和Fillcolor属性设置填充样式和填充颜色。 (　　)
6. 设置LineWidth属性可以改变线宽。 (　　)
7. 调用Circle方法画圆弧是按顺时针方向绘制的。 (　　)
8. 调用PSet方法可以使用容器对象的背景颜色画点，即实现擦除效果 。 (　　)
9. 调用Scale方法不加任何参数，则使用默认坐标系统。 (　　)
10. 执行Line-(3000,2500)，vbBlue，BF语句无法绘制出一个矩形。 (　　)

10.1 实验

一、实验目的

（1）掌握文件的基本概念。

（2）掌握顺序文件的特点及操作语句。

（3）理解自定义类型的含义。

（4）掌握随机文件的特点及操作语句。

（5）掌握与文件操作有关的函数和语句。

（6）掌握文件系统控件及其联动应用。

二、知识介绍

1. 文件的基本概念

（1）记录。记录是计算机处理数据的基本单位，它由若干相关的数据项组成，相当于表格中的一行。

（2）文件。文件是指存储在外部介质（如磁盘）上的以文件名标识的数据集合。在VB中，文件由若干条记录组成，一条记录又可包括若干数据项。

（3）文件分类。根据存放的介质，文件可分为磁盘文件、打印文件等；根据存放的内容，文件可分为程序文件和数据文件；根据存储数据的形式，文件可分为ASCII码文件和二进制文件；根据组织、存放形式，文件可分为顺序文件、随机文件和二进制文件。

①顺序文件：普通的文本文件，必须顺序访问。

②随机文件：可以按任意次序读写的文件，文件中的每条记录长度必须相同。在这种文件中，每条记录都有一个记录号，用来直接将数据存入指定位置或读取指定记录。

③二进制文件：直接把二进制码存放在文件中，以字节数来定位数据。

（4）文件的操作过程。对文件的操作一般需要以下三步：

①打开（或建立）文件：指定要操作的文件名、文件类型、操作方式及文件号。

②读写文件：计算机内存向外存文件传送数据，为写文件；将外存文件中的数据向内存传送，为读文件。文件打开后有一个指针，指向当前读写位置。

③关闭文件：读写之后需要将数据送到缓冲区，否则将导致文件数据丢失。

对文件做任何读写操作之前，都必须先打开或建立文件。在VB中用Open语句来打开或建立一个文件，为文件进行的输入/输出提供一个缓冲区。数据文件的操作要通过有关的语句和函数来实现。

2. 顺序文件及操作

（1）顺序文件。以ASCII码存放数据，可用文本编辑软件建立、编辑和显示。文件结构简单，记录可不等长，文件中记录的写入、存放与读出三者的顺序是一致的，即记录的逻辑顺序与物理顺序相同，适宜于对批量数据的处理。

（2）基本操作语句。

① 为写而打开文件。

```
Open 文件名 For  Output  As [#]文件号
```

若指定打开的文件不存在，则新建该文件；若指定打开的文件已存在，则原有同名文件将会被覆盖，其中的数据将全部丢失。

```
Open 文件名 For  Append  As [#]文件号
```

与Output模式不同的是，指定打开的文件若已存在，在打开后，原有内容不会被擦除，新纪录将追加在其后面。

② 为读而打开文件。

```
Open 文件名 For  Input  As [#]文件号
```

③ 写语句。

```
Print  #<文件号>[，<输出列表>]
Write  #<文件号>[，<输出列表>]
```

后者输出的数据项之间自动插入“,”，并给字符串加上双引号，以区分数据项和字符串类型；而前者数据项之间既无逗号分隔，对字符串也不需要加双引号。因此，为了以后读取数据项的方便，当输出列表由多个数据项组成时，建议使用Write语句。

④ 读语句。

```
Input  #<文件号>，<变量列表>
```

从已打开的顺序文件中读出数据并将数据指定给指定变量。

```
Line Input  #<文件号>，<字符串变量>     '回车换行符不读入
```

从已打开的顺序文件中读取一行并将它分配给字符串变量。

```
Input$(<读取的字符数>，#<文件号>)     '回车换行符读入
```

从指定文件中读出指定数目的字符串。

⑤ 关闭文件。

```
Close [[#]文件号]
```

把文件缓冲区的所有数据写到文件中，并释放与该文件相联系的文件号。

3. 随机文件及操作

（1）随机文件。是以记录为单位进行操作的。需要用Type…nd Type声明用户自定义数据类型及声明该类型的变量来存储记录的数据内容。文件中每条记录等长，各数据项长度固定，每条记录都有唯一的记录号，读写文件按记录号对该记录读写；文件以二进制代码形式存放。适合对某条记录进行读写操作。

（2）定义记录类型。

```
Type  <自定义数据类型名>
    <元素名1>  As  <类型名>
    <元素名2>  As  <类型名>
    ...
    <元素名n>  As  <类型名>
End Type
```

（3）基本操作语句。

① 打开文件。

```
Open 文件名 For  Random  As  #文件号 [Len=记录长度]
```

这里的记录长度：也可通过Len（记录类型变量）函数自动获得。

② 写语句。

```
Put  <文件号>,[<记录号>], 变量
```

把文件号指定的磁盘文件中的数据读到变量中

③ 读语句。

```
Get #文件号,[<记录号>],变量
```

省略记录号，则表示在当前记录后插入或读出一条记录

④ 关闭文件。

```
Close [[#]文件号]
```

（4）随机文件的记录操作。建立随机文件后，经常要对文件中的记录进行增加、删除和修改等操作。

4. 处理文件有关的函数和语句

VB提供的文件处理有关的语句和函数见表10-1、表10-2所列。

表 10-1 文件语句

语句形式	作用
FileCopy 源文件名，目标文件名	文件复制
Kill 文件名	文件删除，可出现通配符
Name 旧文件名 as 新文件名	文件重命名
ChDrive 驱动器名	改变当前驱动器
ChDir 路径	改变当前目录
MKDir 路径	创建新目录
RmDir 路径	删除目录
SetAttr 文件名，属性	给文件设置属性
Seek #文件号,位置	定位文件指针

注意：上述语句用于文件操作时，文件必须是关闭的。

表 10-2 文件函数

函数形式	作用
LOF()	返回打开文件占有的字节总数
EOF()	判断文件读写指针是否达到文件尾
LOC()	返回文件当前读写的位置
Len()	指定变量的长度
CurDir(文件名)	获得当前文件的路径

5. 文件系统控件

VB 提供 3 个文件系统控件：驱动器列表框（DriveListBox）、目录列表框（DirectoryListBox）和文件列表框（FileListBox），利用这三个控件可以编写文件管理程序。

（1）驱动器列表框和目录列表框。驱动器列表框和目录列表框是下拉式列表框，在标准工具箱中存在。

① 驱动器列表框。

常用属性

Drive：用于设置或返回选择的驱动器名。此属性只能用程序代码设置，不能通过属性窗口设置。格式：

```
<驱动器列表框名>.Drive[=驱动器名]
```

若省略“驱动器名”，则 Drive 属性是当前驱动器；若选择的驱动器在当前系统中不存在，将产生错误。

在程序执行期间，驱动器列表框下拉显示系统拥有的驱动器名称，如图 10-1 所示。

重要事件

每次重新设置驱动器列表框的Drive属性时，都将引发Change事件。

② 目录列表框。目录列表框用于显示当前驱动器的目录结构，刚建立时，显示当前驱动器的顶层目录和当前目录。顶层目录用一个打开的文件夹表示，当前目录用一个加了阴影的文件夹表示，当前目录下的子目录用合着的文件夹表示，如图 10-2 所示。

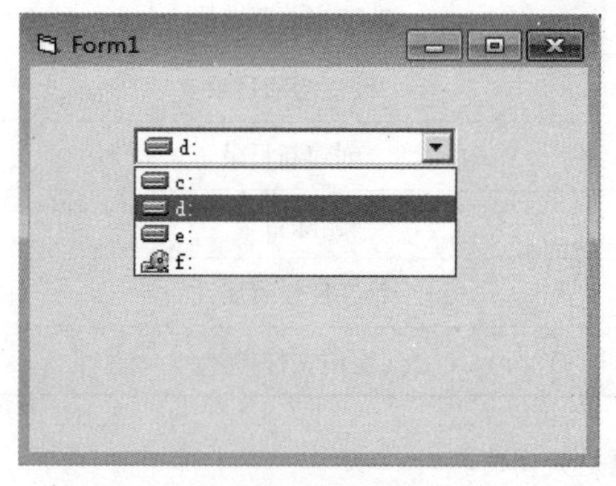

图 10-1　驱动器列表框（运行期间）

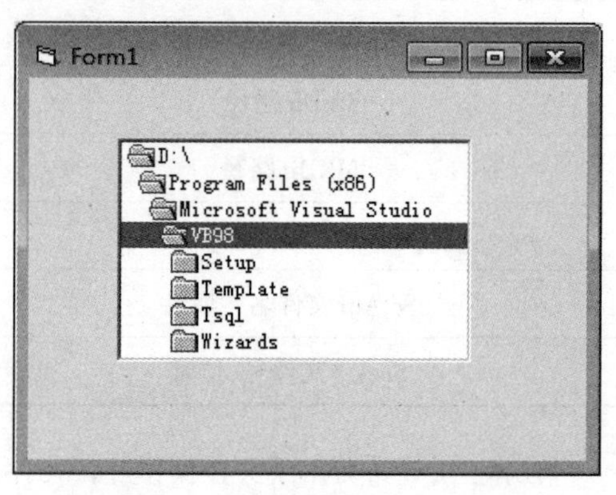

图 10-2　目录列表框（运行期间）

重要属性

Path属性适用于目录列表框和文件列表框，用于设置或返回当前驱动器的路径，格式：

```
[窗体.]<目录列表框>.|<文件列表框>.Path[="路径"]
```

其中："窗体"是指目录列表框所在的窗体，默认为当前窗体；若省略"路径"，则将显示当前路径。

说明：Path属性只能在程序代码中设置，不能在属性窗口中设置。

重要事件

当Path属性改变时，将引发Change事件。当改变驱动器列表框的Drive属性时，将产生Change事件，当Drive属性改变时，Drive_Change事件过程发生反应。因此，只要将Drive1.Drive的属性值赋给Dir1.Path，就可产生同步效果。例：

```
Private Sub Drive1_Change( )
    Dir1.Path=Drive1.Drive
End Sub
```

这样，每当改变驱动器列表框的Drive属性时，将产生Change事件，目录列表框中的目录变为该驱动器的目录。

（2）文件列表框。文件列表框可用于显示当前目录下的文件（可通过Path属性改变），如图 10-3 所示。

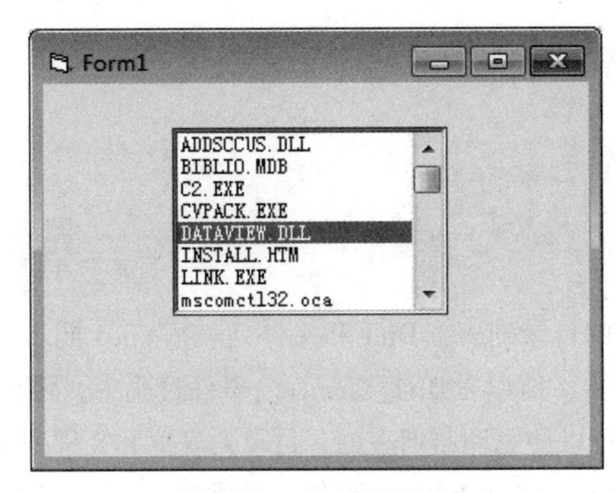

图 10-3　文件列表框

① 重要属性。

Pattern

Pattern属性用于设置在执行时要显示的某一种类型的文件，既可以在设计阶段通过属性设置，也可通过程序代码设置，默认值为“*.*”。在程序代码中设置的格式：

```
[窗体.]文件列表框名.Pattern[=属性值]
```

说明：若省略“窗体”，则指的是当前窗体上的文件列表框；若省略“=属性值”，则显示当前文件列表框的Pattern属性值。

FileName

格式：[窗体.]文件列表框名.FileName[=<文件名>]。

功能：用于在文件列表框中设置或返回某一选定的文件名。

ListCount

格式：[窗体.]<控件>.ListCount。

其中：“控件”可以是组合框、目录列表框、驱动器列表框或文件列表框。

功能：用于返回控件内所列的项目总数。

说明：该属性不能在属性窗口中设置，只能在程序代码中使用。

ListIndex

格式：[窗体.]<控件>.ListIndex[=索引值]。

其中：“控件”可以是组合框、目录列表框、驱动器列表框或文件列表框。

功能：用于设置或返回当前控件上选择的项目的“索引值”。

说明：该属性只能在程序代码中使用，不能通过属性窗口设置，在文件列表框中，第一项的索引值为0，第二项为1，…，依次类推，若未选中任何项，ListIndex属性的值被设置为-1。

List

格式：[窗体.]<控件>.List(索引)[=<字符串表达式>]。

其中：“控件”可以是组合框、列表框、目录列表框、驱动器列表框或文件列表框。

功能：用于设置或返回各种列表框中的某一项目。

② 驱动器列表框、目录列表框和文件列表框的同步操作。

在实际应用中，驱动器列表框、目录列表框和文件列表框往往需要同步操作，此时可通过

Path属性的改变引发Change事件来实现。

例：

```
Private Sub Dir1_Change( )
   File1.Path=Dir1.Path
End Sub
```

该事件过程使窗体上的目录列表框Dir1 和文件列表框File1 同步，因为目录列表框Path属性的改变将产生Change事件，所以在Dir1_Change( )事件过程中，将Dir1.Path赋给File1.Path可产生同步效果。类似地，可以使驱动器列表框、目录列表框和文件列表框同步。

③ 执行文件。文件列表框接收DblClick事件，利用这一点，可以执行文件列表框中的某个可执行文件，即只要双击文件列表框中的某个可执行文件，就能执行该文件，可通过Shell函数实现。

例：

```
Private Sub File1_DblClick( )
   X=Shell(File1.FileName,1)
End Sub
```

过程中的FileName是文件列表框中被选中的可执行文件名，双击该文件名就能执行。

6. 常见问题分析

（1）Open语句中的文件名书写错误，导致出现“文件未找到”的出错信息。

例如：从磁盘上读入文件名为“c:\temp \ t1.txt”书写成：

```
Open c:\temp\t1.txt For Input As #1
```

正确的书写如下：

```
Open "c:\temp\t1.txt" For Input As #1   '文件名可是常量，但两边要用双引号
```

如下书写也正确：

```
Open F For Input As #1  文件名也可以是字符串变量，但变量两边不要用双引号（假设Dim F As String : F="c:\TEMP\t1.txt"）
```

（2）文件没有关闭又被打开，显示“文件已打开”的出错信息。

例如：如下语句：

```
Open  "c:\temp\t1.txt"  For Input As #1
Print F
```

此时执行到第二句open语句就会显示“文件已打开”的出错信息。

（3）当顺序文件内容中含有汉字时，使用Input(Lof(#文件号)，文件号)函数读入，会遇到“输入超出文件尾”的错误。

说明：LOF()函数获得的是文件内容的字节数，它是以Windows系统对字符采用DBCS码，即西文单字节，中文双字节；而Input()函数读的是文件的字符数，即一个西文字符和一个汉字均为一个字符。因此，为了防止此类错误的发生，一般利用Line Input语句逐行读入。

（4）随机文件的记录长度不定长，会引起不能正常存取数据。

说明：随机文件是按记录为单位存取的，而且每条记录长度必须固定，一般利用Type定义记录类型。当记录中的某个成员为String时，必须是定长，即String*n，n是常数，否则要影响对文件的存取。

（5）如何读出随机文件中的所有记录？随机文件是按记录号读取的，当不知道记录号或要全部读出记录时，只要采用循环结构加无记录号的Get语句即可。实现的程序段如下：

```
Do While Not Eof()
    Get #1,,j
    Print j。
Loop
```

随机文件读/写时可不写记录号，表示读时自动读下一条记录，写时自动插入当前记录号。

（6）如何在目录列表框中表示当前选定的目录？在程序运行时，双击目录列表框的某目录项，则将该目录项改变为当前目录，其Dir1.Path的值做相应的改变。而当单击选定该目录项时，Dir1.Path的值并没有改变。为了对选定的目录项进行有关的操作，即与ListBox控件中某列表项的选定相对应，则表示如下：

```
Dir1.List(Dir1.ListIndex)
```

（7）如何将文件系统的三个控件自动关联？要三个控件产生关联，需要使用下面两个事件过程：

```
'当用户选择新的驱动器时触发，驱动器列表框Drive1与目录列表框Dir1的同步
Private Sub Drive1_Channge()
      Dir1.Path=Drive1.Drive
End Sub
'当用户选择新的目录时触发，目录列表框Dir1与文件列表框File1的同步
Private Sub Dir1_Change()
      File1.Path=Dir1.Path
End Sub
```

三、实验示例

实例 10.1 顺序文件的使用。假定在当前目录中有顺序文件in1.txt。

设计界面如图 10-4 所示，单击“输入”按钮，则从当前文件夹中读入in1.txt文件，放入Text1 中显示；单击“转换”按钮，则把Text1 中的所有小写字母转换成大写字母；单击“保存”按钮，则把Text1 中的内容存入当前文件夹中的out1.txt文件中。

1. 设计界面(图 10-4)

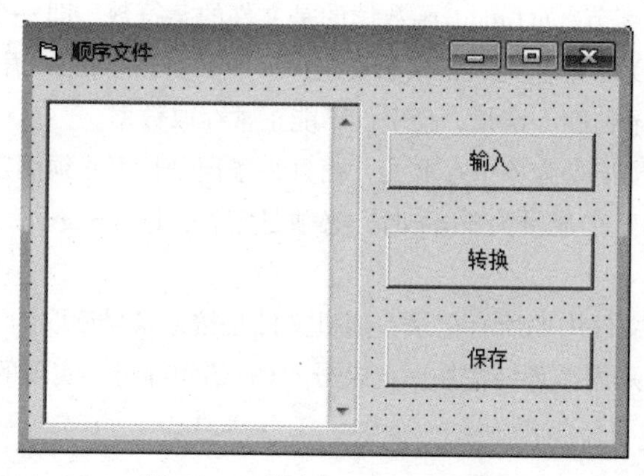

图 10-4　实例 10.1 设计界面

2. 设置属性(表 10-3)

表 10-3　设置属性

控件名	属性名	属性值
Command1	Caption	输入
Command2	Caption	转换
Command3	Caption	保存
Form1	Caption	顺序文件
Text1	Text	" "
	Multiline	True
	ScrollBars	2

3. 编写代码

```
Private Sub Command1_Click()  '从in1.txt文件中读取数据显示在文本框中
    Open App.Path & "\" & "in1.txt" For Input As #1
    Dim a As String, b As String
    a = ""
    Do While Not EOF(1)
        Line Input #1, b        '逐行读入
        a = a & b & Chr(13) & Chr(10)
    Loop
    Close #1
    Text1.Text = a
End Sub

Private Sub Command2_Click()  '大小写转换
    Text1.Text = UCase(Text1.Text)
```

```
End Sub

Private Sub Command3_Click()   '将转换后的内容写到out1.txt文件中
    Open App.Path & "\" & "out1.txt" For Output As #1
    Print #1, Text1.Text        '写入
    Close #1
End Sub
```

4. 运行结果(图 10-5)

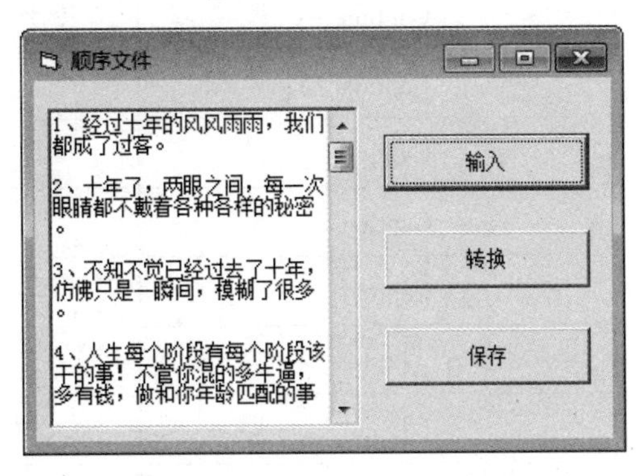

图 10-5　实例 10.1 运行结果

说明：程序中使用了系统对象App.path来获得应用程序的路径，当程序运行时，数据文件必须与应用程序在同一个文件夹中。

实例 10.2 随机文件的使用。假定在当前目录中有工资信息的随机文件data.txt。设计界面如图 10-6 所示，单击“上一条”按钮和“下一条”按钮，浏览工资记录。

1. 设计界面(图 10-6)

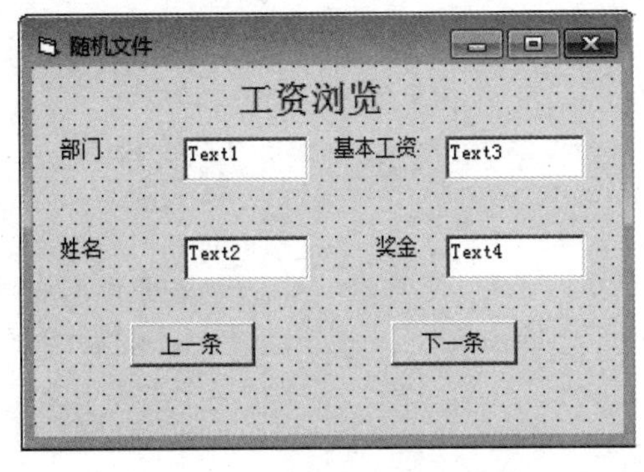

图 10-6　实例 10.2 设计界面

2. 设置属性(表 10-4)

表 10-4　设置属性

控件名	属性名	属性值
Form1	Caption	随机文件

续表

控件名	属性名	属性值
Command1	Caption	上一条
	Name	cmdPrev
Command2	Caption	下一条
	Name	cmdNext
Label1	Caption	工资浏览
Label2	Caption	部门
Label3	Caption	姓名
Label4	Caption	基本工资
Label5	Caption	奖金
Text1	Text	" "
Text2	Text	" "
Text3	Text	" "
Text4	Text	" "

3. 编写代码

在窗体模块的“通用”部分，用Private声明用户自定义数据类型，并声明自定义类型的变量gz、记录指针RecoNumber。

```
Private Type gongzi
   department As String * 10          '部门
   name As String * 6                 '姓名
   basicsalary As String * 6          '基本工资
   bonus As String * 6                '奖金
End Type
Dim gz As gongzi                      '记录类型变量
Dim reconumber As Integer             '记录指针

Private Sub getrecord()               '通用过程，从文件中读出一条记录。
   Get #1, Reconumber , gz
   With gz
      Text1.Text = .department
      Text2.Text = .name
      Text3.Text = .basicsalary
      Text4.Text = .bonus
   End With
End Sub
```

```
'装载窗体时打开工资文件，初始化记录指针，并读入第一条记录
Private Sub Form_Load()
Open App.Path & "\" & "data.txt" For Random As #1 Len = Len(gz)
Reconumber = 0                      '初始化记录指针
CmdPrev.Enabled = false             '上一条按钮不可用
Call CmdNext_Click                  '调用下一条按钮单击事件
End Sub

Private Sub CmdNext_Click()                     '向下浏览记录
If reconumber >= 1 Then cmdprev.Enabled = False
If reconumber >= LOF(1) / Len(gz) Then  '记录指针的位置超过记录总数
      cmdnext.Enabled = False
      cmdprev.Enabled = True
   Else
      reconumber = reconumber + 1       '记录指针位置下移
      Call getrecord                    '调用通用过程，从文件中读出记录
End If
End Sub

Private Sub CmdPrev_Click()                 '向上浏览记录
reconumber = reconumber - 1                 '记录指针位置上移
If reconumber <= LOF(1) / Len(gz) Then  '记录指针的位置不超过记录总数
      cmdnext.Enabled = False
      cmdprev.Enabled = True
Call getrecord                              '调用通用过程，从文件中读出记录
End If
If reconumber <= 1 Then
cmdnext.Enabled = True
      cmdprev.Enabled = False
End If
End Sub
```

4. 运行结果(图10-7)

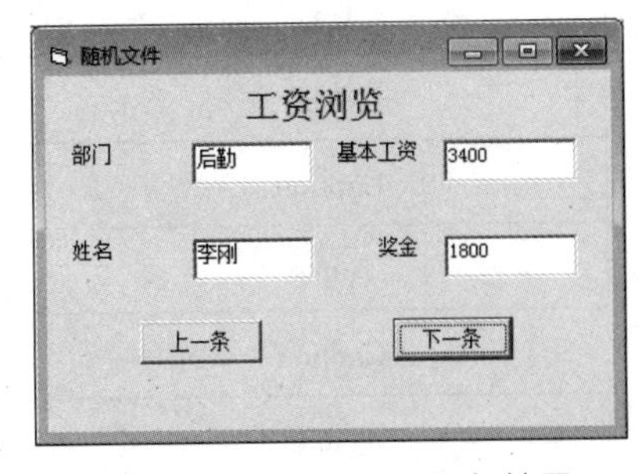

图10-7 实例10.2运行结果

实例10.3 设计简单的文本编辑器。使用文件系统控件，在文本框中显示当前选中的

带路径的文件名，也可直接输入路径和文件名，建立命令按钮，实现对指定文件的打开、保存和删除操作。

1. 设计界面(图 10-8)

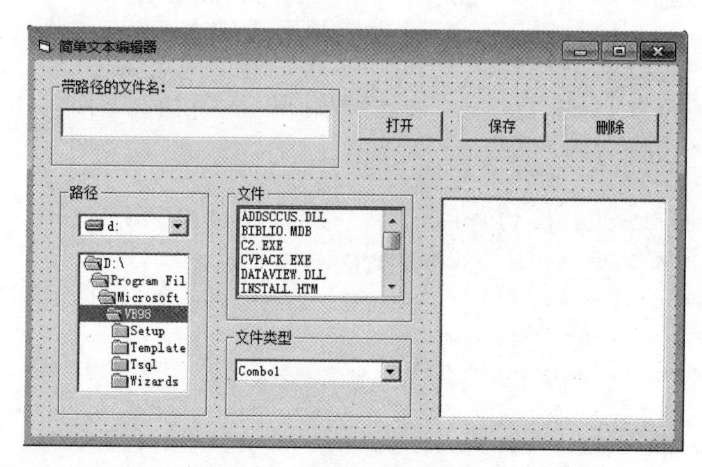

图 10-8 实例 10.3 设计界面

2. 设置属性(表 10-5)

表 10-5 设置属性

对象	属性	属性值
窗体	Caption(	简单文本编辑器
框架 1	Caption	带路径的文件名:
框架 2	Caption	路径
框架 3	Caption	文件
框架 4	Caption	文件类型
文本框 1	Name	txtFile
	Text	" "
文本框 2	Name	txtFilename
	Text	" "
命令按钮 1	Name	cmdOpen
	Caption	打开
命令按钮 2	Name	cmdSave
	Caption	保存
命令按钮 3	Name	cmdDelete
	Caption	删除

续表

对象	属性	属性值
驱动器列表框 1	Name	Drive1
目录列表框 1	Name	Dir1
文件列表框 1	Name	File1
组合框 1	Name	Combo1
	Style	2

3. 编写代码

程序代码如下：

```
Private Sub Form_Load()  '初始化部分属性
      txtFile = ""
      txtFilename = ""
      Combo1.AddItem "*.Txt"
      Combo1.AddItem "*.Dat"
      Combo1.AddItem "*.*"
      Combo1.Text = "*.*"
      File1.Pattern = " *.*"
End Sub

Private Sub cmddelete_Click()      '删除文件
      Kill txtFilename
      txtFilename.Text = ""
      txtFile = ""
      File1.Refresh
End Sub

Private Sub cmdopen_Click()        '打开文件，并将其内容显示在文本中
      Dim InputStr As String
      txtFile = ""
      If txtFilename <> "" Then
         Open txtFilename For Input As #1
         Do While Not EOF(1)
            Line Input #1, InputStr
            txtFile = txtFile & InputStr & Chr(13) & Chr(10)
         Loop
         Close #1
      End If
End Sub

Private Sub cmdsave_Click()   '保存文件
```

```
        Open txtFilename For Output As #1
        Print #1, txtFile
        Close #1
        File1.Refresh                  '刷新文件列表框的显示
End Sub

Private Sub Combo1_click()          '设置文件列表框中显示的文件类型
        File1.Pattern = Combo1.Text
End Sub

Private Sub Dir1_Change()           '使文件列表框与目录列表框关联
        File1.Path = Dir1.Path
End Sub

Private Sub Drive1_Change()         '使目录列表框与驱动器列表框关联
        Dir1.Path = Drive1.Drive
End Sub

Private Sub File1_Click()'单击选中的文件，则将全路径文件名显示在文本框中
        If Right(File1.Path, 1) = "\" Then
            txtFilename = File1.Path & File1.FileName
        Else
            txtFilename = File1.Path & "\" & File1.FileName
        End If
   End Sub
```

4. 运行结果(图 10-9)

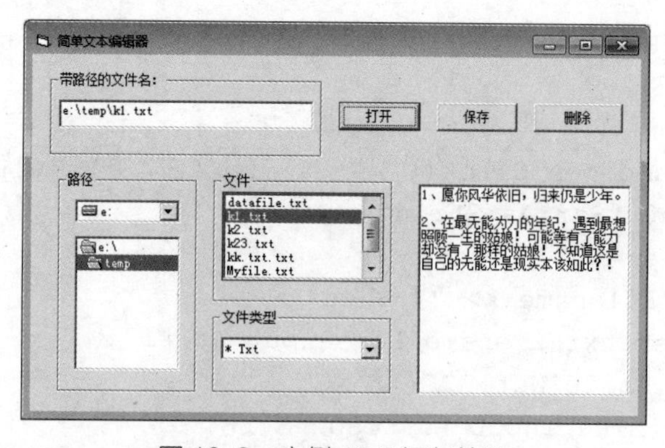

图 10-9　实例 10.3 运行结果

【思考与讨论】

(1)目录列表框的Path属性字符串中最后一个字符是“\”吗？

(2)语句File1. Refresh的功能是什么？

四、上机实验

（1）编写程序，设计如图 10-10 所示的月历格式，在窗体上输出并把结果放入当前路径下的“月历.txt”顺序文件中存储。

图 10-10　上机实验 1 运行界面

提示：在当前路径下建立文件的语句为：

```
Open App.Path & "\" & "月历.txt" For Output As #1
```

月历的格式可利用循环结构设计，每 7 个数换一行。

```
For i = 1 To 31
    If i < 10 Then Print " ";: Print #1, " ";     '1 位数前加一个空格
    Print " "; i;                  '输出到屏幕上
    Print #1, "  "; i;             '输出到文件中
    If i Mod 7 = 0 Then            '每 7 个数换一行
    Print
    Print #1,
End If
Next i
```

（2）分别用 Print 和 Write 两种格式在 C 盘建立一个具有若干个学生信息的文本文件“t1.txt”和“t2.txt”（内容包括姓名、专业、年龄）；然后从磁盘以行读方式读入，并分别显示在两个文本框中，比较之间的区别，如图 10-11 所示。

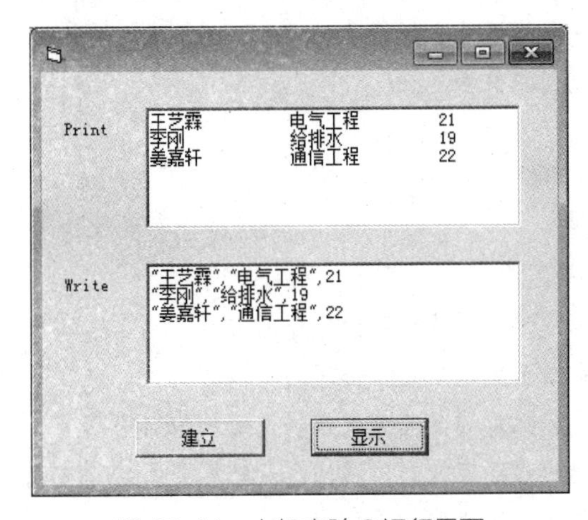

图 10-11　上机实验 2 运行界面

提示：可利用循环结构进行若干学生信息的输入。

（3）编写应用程序，界面如图10-12所示，功能如下：

①在当前路径下建立一个随机文件worker.dat，管理某单位的职工信息。其中每条记录由姓名、性别和工资组成。

②可以浏览记录。

③可以增加、删除和修改更新记录。

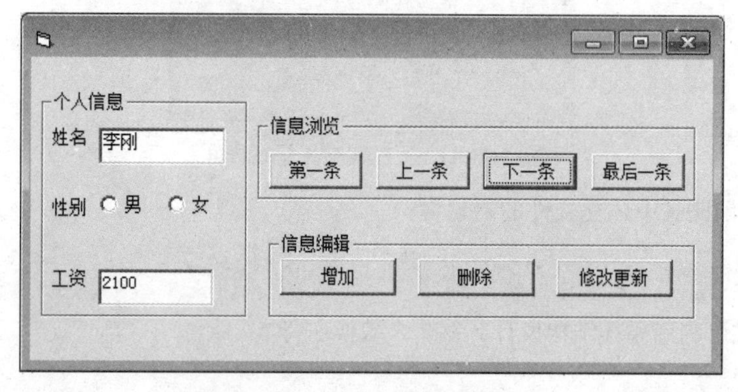

图10-12　上机实验3运行界面

10.2 习题

一、选择题

1. 关于随机文件的描述，不正确的是(　　)。

A. 每条记录的长度必须相同

B. 一个文件的记录号不必唯一

C. 可通过编程对文件中的记录方便修改

D. 文件的组织结构比顺序文件复杂

2. 按组织方式，文件可分为(　　)。

A. 顺序文件和随机文件　　B. ASCII文件和二进制文件

C. 程序文件和数据文件　　D. 磁盘文件和打印文件

3. 称为“顺序文件”是因为(　　)。

A. 文件中每条记录是按记录号从小到大排序的

B. 文件中每条记录是按长度从小到大排序的

C. 文件中每条记录是按记录的某关键数据项从小到大排序的

D. 记录是按进入的先后顺序存放的，读出也是按原写入的先后顺序读出的

4. 下面关于文件的叙述，不正确的是(　　)。

A. 顺序文件中的记录是一个接一个地顺序存放

B. 随机文件的记录长度是随机的

C. 执行打开文件的命令后，自动生成一个文件指针

D. LOF()函数返回给文件分配的字节数

5. 文件号最大可取的值为(　　)。

A. 255　　B. 511　　C. 256　　D. 512

6. “ks.txt”是C:\中的顺序文件，若要以读方式打开它，下列(　　)语句是正确的。

```
A.  f = "c:\ks.txt"                      B. f = "c:\ks.txt"
Open  f  For Input As #2                   Open  "f"  For Input
As #2
C.  Open  c:\ks.txt  For Input As #2      D. Open  f  For
Output As #2
```

7. 要向已有数据的c:\ks.txt文件添加数据，正确的文件打开命令是(　　)。

A. Open "c:\ks.txt" For Append As #2

B. Open "c:\ks.txt" For Input As #2

C. Open "c:\ks.txt" For OutputAs #2

D. Open c:\ks.txt For Append As #2

8. 以下能判断是否到达文件尾的函数是(　　)。

A. Bof　　B. Loc　　C. Lof　　D. Eof

9. 如果在C盘当前文件夹下已存在名为StuData.dat的顺序文件，那么执行语句Open "c:\StuData.dat" For Append As #2之后将(　　)。

A. 删除文件中原有的内容

B. 保留文件中原有的内容，可在文件尾添加新内容

C. 保留文件中原有内容，在文件头开始添加新内容

D. 以上均不对

10. 要在C盘根目录下建立名为File.dat的顺序文件，应先使用(　　)语句。

A. Open " Filel.dat " For Input As #1

B. Open " Filel.dat " For Output As #1

C. Open " C:\Filel.Dat " For Input As #1

D. Open " C:\Filel.Dat " For Output As #1

11. 下面的叙述不正确的是(　　)。

A. Write#语句和Print#语句建立的顺序文件格式完全一样

B. Write#语句和Print#语句都能实现向文件中写入数据

C. 用Write#语句输出数据，各数据项之间自动插入逗号，并且将字符串加上双引号

D. 若使用Print#语句输出数据，各数据项之间没有逗号，并且字符串不加双引号

12. 称为“随机文件”是因为(　　)。

A. 文件中的内容是通过随机数产生的

B. 文件中的记录号是通过随机数产生的

C. 可对文件中的记录根据记录号随机地读写

D. 文件中的记录长度是随机的

13. 文件号最大可取的值是(　　)。

A. 255　　B. 511　　C. 512　　D. 256

14. Print #1，Str$ 中的 Print 是(　　)。

A. 文件的写语句　　B. 在窗体上显示的方法

C. 子程序名　　D. 文件的读语句

15. 要建立一个随机文件，其中每条记录由多个不同数据类型的数据项组成，应使用(　　)。

A. 记录类型　　B. 数组　　C. 字符串类型　　D. 变体类型

16. 在程序中，如果执行 close 命令，则其作用是(　　)。

A. 关闭当前正在使用的一个文件　　B. 关闭第一个打开的文件

C. 关闭最近一次打开的文件　　D. 关闭所有文件

17. 为建立随机文件，每一条记录由多个不同数据类型的数据项组成，应用(　　)。

A. 记录类型　　B. 数组　　C. 字符串类型　　D. 变体类型

18. 目录列表框的 Path 属性的作用是(　　)。

A. 显示当前驱动器或指定驱动器上的目录结构

B. 显示当前驱动器或指定驱动器上的某个目录下的文件名

C. 显示根目录下的文件名

D. 显示指定路径下的文件

19. 以下关于顺序文件的叙述中正确的是(　　)。

A. 可以用不同的文件号以不同的读写方式打开同一个文件

B. 文件中各记录的写入顺序与读出顺序是一致的

C. 可以用 Input #或 Line Input #语句向文件写记录

D. 如果用 Append 方式打开文件，则既可在文件末尾添加记录，也可读取原有记录

20. 下列关于顺序文件的描述，正确的是(　　)。

A. 每条记录的长度必须相同

B. 可通过编程对文件中的某条记录方便的修改

C. 数据只能以 ASCII 码的形式存放在文件中，所以可通过文本编辑软件显示

D. 文件的组织结构很复杂

21. 假定在窗体 Form1 的“代码”窗口中定义如下记录类型：

```
Private Type animal
   Name As String *10
   Color As String *10
End Type
```

在窗体上单击命令按钮 Command1，执行如下事件过程：

```
Private Sub Command1_Click()
   Dim rec As animal
```

```
    Open " c:\vbtest.dat " For Random As #1 Len=Len(rec)
    rec.Name= " cat "
rec.Color= " white "
Put #1,,rec
Close #1
End Sub
```

则以下叙述中正确的是(　　)。

A. 记录类型animal不能在Form1中定义，必须在标准模块中定义

B. 如果文件" c:\vbtest.dat "不存在，则Open命令执行失败

C. 由于Put命令中没有指明记录号，因此每次都把记录写到文件的末尾

D. 语句" Put #1,,rec "将animal类型的两个数据元素写到文件中

22. 对已定义好的学生记录类型，要在内存存放10个学生的信息，如下数组声明：

Dim s(1 To 10) As stud

则要表示第3个学生的第3门课程和该生的姓名，下列语句(　　)正确。

```
A.  s(3).mark(3),s(3).name
B.  s3.mark(3),s3.name
C.  s(3).mark,s(3).name
D.  with s(3)
       .mark
       .name
   End with
```

23. 要判别顺序文件中的数据是否读完，应使用(　　)函数。

A. LOF　　B. LOC　　C. EOF　　D. FreeFile

24. 下列属性中，目录列表框和文件列表框都有的属性是(　　)。

A. List　　B. Path　　C. Value　　D. Pattern

25. Kill语句在Visual Basic中的功能是________。

A. 杀病毒　　B. 清屏幕　　C. 清内存　　D. 删除文件

26. 以下关于文件的叙述中，错误的是(　　)。

A. 使用Append方式打开文件时，文件指针被定位于文件尾

B. 当以输入方式打开文件时，如果文件不存在，则建立一个新文件

C. 顺序文件各记录的长度可以不同

D. 随机文件打开后，既可以进行读操作，也可以进行写操作

27. 在下列叙述中，(　　)是错误的。

A. 在一个程序执行End语句后，系统自动将所有打开的文件关闭

B. 可以使用Close语句关闭一个或几个指定的文件

C. 使用不带语句体的Close语句可以关闭所有文件

D. 执行完一个程序段的所有语句后，程序自动关闭文件

28. 下列叙述不正确的是(　　)。

A. 若使用Write#语句将数据输出到文件，则各数据项之间自动插入逗号，并将字符串加上双引号

B. 若使用Print#语句将数据输出到文件，则各数据项之间没有逗号，且字符串不加双引号

C. Write#语句和Print#语句建立的顺序文件格式完全一样

D. Write#语句和Print#语句均可实现向文件写入数据

29. 改变驱动器列表框的Drive属性将激活(　　)事件。

A. Change　　B. KeyDown　　C. Click　　D. MouseDown

30. 目录列表框的Path属性的作用是(　　)。

A. 显示当前驱动器或指定驱动器上的路径。

B. 显示当前驱动器或指定驱动器上的某目录下的文件名。

C. 显示根目录下的文件名。

D. 只显示当前路径下的文件。

31. 为了在C盘当前目录下建立1个名为TelBook.txt的文件，应使用的语句是(　　)。

A. Open "TelBook.txt" For Output As #1

B. Open "C:\TelBook.txt" For Input As #1

C. Open "C:\TelBook.txt" For Output As #1

D. Open "TelBook.txt" For Input As #1

32. 以下叙述中错误的是(　　)。

A. 随机文件由若干个记录组成，通过记录号引用每个记录

B. 随机文件中每个记录的长度可以不一样

C. 可以按任意顺序访问随机文件中的记录

D. 打开随机文件后，既可进行读操作，也可进行写操作

二、填空题

1. 在D盘建立一个名为stu.txt的顺序文件，存入5名学生的学号(stuNunl)、姓名(stuName)、成绩(StuMark)。请将程序中①、②、③处语句补充完整。

```
Private Sub Form_click()

      For i=1 To 5
         stuNum=InputBox("请输入学号：")
         stuName=InputBox("请输入姓名：")
         stuMark=InputBox("请输入成绩：")

      Next i

End Sub
```

2. 填空完成顺序文件的建立程序：建立文件名为c:\stud1.txt的顺序文件，内容来自文本框，每按一次Enter键写入一条记录，然后清除文本框的内容，直到文本框内输入End字符串。

```
Private Sub Form_Load()

    Text1.Text = ""
End Sub
Private Sub Text1_KeyPress(KeyAscii As Integer)
    If KeyAscii = 13 Then
        If          Then
            Close #1
            End
        Else

            Text1.Text = ""
        End If
    End If
End Sub
```

3. 打开第1题中建立的顺序文件stu.txt，读文件中的数据并显示在窗体上。请将程序补充完整。

```
Private Sub Form_Click()

    Do While

        Print stuNum, stuName, stuMark
    Loop
    Close #1
End Sub
```

4. 将C盘根目录下的一个文本文件old.txt复制到新文件new.txt中，并利用文件操作语句将old.txt文件从磁盘上删除。请补充程序。

```
Private Sub Command1_Click()
    Dim str1$
    Open "c:\old.txt"          As #1
    Open "c:\new.txt"
    Do While

        Print #2, str1
    Loop


End Sub
```

5. 下面的程序是将文本文件t.txt内容的一个字符一个字符地读入文本框Text1 中。请将程序填写完整。

```
Private Sub Command1_Click()
        Dim inputData As String * 1
        Text1.Text = ""
        Open "t.txt" For Input As #1
        Do While Not EOF(1)
            inputData=
            Text1.Text=
        Loop
        Close #1
End Sub
```

6. 从指定的任意一个驱动器中的任意一个文件夹下查找文件(不含汉字)，并将选定的文件的完整路径显示在文本框Text1中，文件内容显示在文本框Text2中，请补充程序。

```
Private Sub Form_Load()
        File1.        ="*.txt"
End Sub
Private Sub Dir1_Change()
    File1.Path = Dir1.Path
End Sub
Private Sub Drive1_Change()
    Dir1.Path = Drive1.Drive
End Sub
Private Sub File1_Click()
    If Right(File1.Path, 1) <> "\" Then
        Text1.Text = File1.Path & "\" & File1.FileName
    Else
        Text1.Text = File1.Path & File1.FileName

    Open Text1.Text For Input As #1
    Text2.Text = Input(LOF(1), 1)
    Close
End Sub
```

7. VB提供的对数据文件的3种访问方式为随机访问方式、________和二进制访问方式。

第11章

数据库应用基础

11.1 实验

一、实验目的

（1）掌握数据库及数据库管理系统的概念。

（2）掌握关系数据库模型的关系（表），记录、字段、关键字、索引概念等。

（3）学会使用可视化数据管理器建立的数据库是Access数据库

（4）了解数据库控件的常用属性及与相关控件的绑定 。

二、本实验知识点

1. 数据库

数据库（DataBase，DB），是指存储在计算机内、有组织的、可共享的相关数据的集合。数据库中的数据按一定的数据模型组织、描述和存储，具有较小的冗余度、较高的数据独立性和扩展性，并可为多用户共享。

数据库中的数据是高度结构化的，可以存储大量的数据，并且能够方便地进行数据查询，另外，数据库还具有较好的保护数据安全、维护数据一致性的措施，并能方便地实现数据的共享。

2. 数据库管理系统

数据库管理系统（DataBase Management System，DBMS）是数据库系统的核心软件，其主要任务是支持用户对数据库的基本操作，对数据库的建立、运行和维护进行统一管理、统一控制。

注意：用户不能直接接触数据库，而只能通过DBMS操作数据库。

数据库管理系统作为数据库系统的核心软件，其主要目标是使数据成为方便用户使用的资源，易于为各种用户共享，并增强数据的安全性、完整性和可用性。

3. 数据库发展的三个阶段

（1）人工管理阶段。

（2）文件管理阶段。

（3）数据库管理阶段。

4. 数据库分类

数据库中数据的组织形式有多种，按数据库使用的数据结构模型划分，到目前为止，数据库可分为：

（1）层次数据库：采用层次模型；

（2）网状数据库：采用网状模型；

（3）关系数据库：采用关系模型；

（4）面向对象数据库：采用面向对象模型。

根据数据模型，即实现数据结构化所采用的联系方式，数据库可以分为层次数据库、网状数据库和关系数据库。

5. 关系数据库的基本术语

（1）关系（表）。在关系数据库中，数据以关系的形式出现，可以把关系理解成一张二维表（Table）。

（2）记录（行）。每张二维表均由若干行和列构成，其中每一行称为一条记录（Record）。

（3）字段（列）。二维表中的每一列称为一个字段（Field），每一列均有一个名字，称为字段名，各字段名互不相同。

（4）主键。关系数据库中的某个字段或某些字段的组合定义为主键（Primary Key）。每条记录的主键值都是唯一的，这就保证了可以通过主键唯一标识一条记录。

（5）索引。为了提高数据库的访问效率，表中的记录应该按照一定的顺序排列，通常建立一个较小的表——索引表，该表中只含有索引字段和记录号。通过索引表，可以快速确定要访问记录的位置。

6. 数据库访问技术

数据库引擎就是操作数据库的一段程序或程序段。它是一组动态链接库，是数据库应用程序与数据库存储之间的一种接口，比如在VB中，用microsoft jet数据库引擎和数据访问对象DAO（Data Access Object）可以创建功能强大的客户/服务器应用程序。

VB提供的数据库引擎叫Jet，有两种与Jet数据库引擎接口的方法：Data控件和数据访问对象。

开放式数据库连接性（Open database connectivity，ODBC）数据库是指遵循ODBC标准的客户/服务器数据库，如Microsoft SQL Server、Oracle。一般来说，如果要开发个人的小型数据库系统，用Access数据库比较合适，要开发大、中型的数据库系统，则用ODBC数据库更为适宜。而dBase和FoxPro数据库由于已经过时，除非特别的情况，否则不建议使用。在我们的例子中，选用了Access数据库。建立Access数据库有两种方法：一是在Microsoft Access中建立数据库（可视化数据管理器）；一是使用数据访问对象。

7. 数据管理器的使用

Visual Basic提供了一种非常实用的工具，即可视化数据管理器（Visual DataBase Manager），使用它可以非常方便地建立数据库、数据表和数据查询。可以说，凡是有关Visual Basic数据库的操作，都能使用它来完成，并且由于它提供了可视化的操作界面，很容易被使用者掌握。

启动数据管理器有两种方法：

（1）在VB集成开发环境中启动数据管理器：单击“外接程序”菜单下的“可视化数据管理器”命令，即可打开可视化数据管理器“VisData”窗口。

（2）直接执行VisData程序：可以不进入VB环境，直接运行安装目录下的VisData.exe程序文件来启动可视化数据管理器。

8. 数据控件

数据控件是VB访问数据库的一种工具，它通过Microsoft JET数据库引擎接口实现数据访问。数据控件能够利用三种Recordset对象访问数据库中的数据，数据控件提供有限的不需编程而能访问现存数据库的功能，允许将VB的窗体与数据库方便地连接。要利用数据控件返回数据库中记录的集合，应该先在窗体上添加控件，再通过它的三个基本属性Connect、DatabaseName和RecordSource的设置，才能访问数据资源。

通过设置Data控件的相关属性来决定如何对数据库进行访问操作，具体的操作如下：

（1）Connect属性：用于指定连接数据库的类型，默认为Microsoft Access的MDB文件。

（2）DatabaseName属性：用于返回或设置连接数据库的名称及位置。

（3）RecordsetType属性：返回或设置记录集的类型。其中：0为表（Table）类型，1为动态集（Dynaset）类型，2为快照（Snapshot）类型。

9. 记录集Recordset对象

VB的数据库中的表是不允许直接访问的，只能通过记录集对象（Recordset）对其进行浏览和操作。记录集对象表示一个和多个数据库表中字段对象的集合，是来自表或执行一次查询所得结果的记录的集合。一个记录集是由行和列构成的，与数据库中的表类似，但是它可以包含多个表中的数据。

由RecordSource属性确定的具体可访问的数据构成的记录集Recordset也是一个对象，因此，它和其他对象一样具有属性和方法。

10. ADO数据访问对象

ADO（ActiveX Data Object）是微软公司数据库应用程序开发的新接口，是微软公司新的数据访问技术，是建立在OLE DB之上的高层数据库访问技术。OLE DB是一个低层的数据访问接口，用它可以访问各种数据源，包括传统的关系数据库等。ADO技术已成为ASP技术用来访问Web数据库应用程序的核心。采用OLE DB的数据访问模式，是数据访问对象DAO、远程数据对象RDO和开放数据库互连ODBC三种方式的扩展。ADO是DAO或RDO的后继产物，它扩展了DAO和RDO使用的对象模型，具有更加简单、灵活的操作性能。ADO在Internet方案中使用最少的网络流量，并在前端和数据源之间使用最少的层数，提供了轻量、高性能的数据访问接口，可通过ADO Data控件非编程和利用ADO对象编程访问各种数据库。

11. ADO数据绑定控件

随着ADO对象模型的引入，VB 6.0除保留以往的一些数据连接控件外，又提供了一些新的成员连接不同数据类型的数据。这些新成员主要有数据网络控件（DataGrid）、数据组合框控件（DataCombo）、数据列表框控件（DataList）、DataReport、MSHFlexGrid和MonthView等控件。

在绑定控件上，不仅对DataSource和DataField属性在连接功能上作了改进，又增加了DataMember与DataFormat属性，使数据访问的队形更加完整。DataMember属性允许处理多个数据集，DataFormat属性用于指定数据内容的显示格式。

12. SQL语言

结构化查询语言（Structure Query Language，SQL）是操作数据库的工业标准语言，许多数据库和软件系统都支持SQL或提供SQL语言接口。

三、实验示例

实例 11.1 用ADO控件编写学生成绩管理系统，主要功能如下：

（1）程序具有增加、删除和修改记录的功能。

（2）查询功能，实现按班级、姓名查找记录的功能。

（3）统计功能，分别统计语文、数学平均分，并统计各科不及格的人数。

【解题步骤】

1. 数据库设计

（1）选择“可视化数据管理器”中“文件”菜单中的“新建”菜单项，用于创建数据库。

（2）选择“Microsoft Access”菜单项，单击该菜单项下的“Version 7.0 MDB”菜单项，如图11-1所示，打开对话框，选择新建数据库要保存的目录后，在“文件名”文本框中输入数据库的名称“stuscore.mdb”，也就是数据库的文件名称。

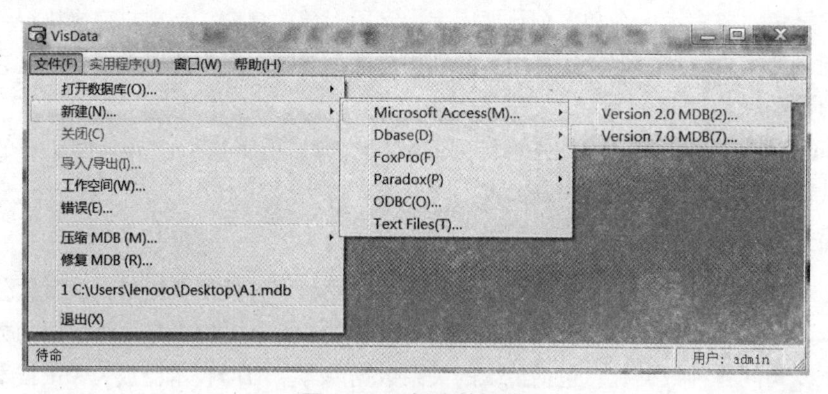

图 11-1　新建数据库

（3）单击“确定”按钮，关闭对话框，“可视化数据管理器”开始在指定的目录下创建以指定名称命名的Microsoft Access数据库，完成数据库的创建工作。

2. 添加数据表

创建数据库后，就可以向该数据库中添加数据表了。一个数据表是由数据表名、数据表结构和记录三部分组成的。下面添加一个Access表Score。

（1）定义数据表的结构。定义数据表的结构就是确定表的组织形式，定义表的字段个数、字段名、字段类型、字段宽度及是否以该字段建立索引等。“学生成绩表”结构见表 11-1 所列。

表 11-1 “学生成绩表”结构

字段名	类型	宽度	索引
学号	Text	10	主索引
姓名	Text	8	
出生年月	Date	8	
班级	Text	2	
数学	Singl	4	
语文	Singl	4	
总分	Single	4	

（2）建立表结构。数据表结构的建立步骤如下。

①在“数据库窗口”中右击鼠标，系统弹出一个快捷菜单，单击其中的“新建表”菜单项，系统将打开“表结构”对话框。

②在“表名称”文本框中键入表名，这里键入名称 score。

③单击“添加字段”按钮，系统显示“添加字段”对话框，如图 11-2 所示，在这个对话框中定义表的字段，在“名称”文本框中输入字段名称，这里输入第一个字段“学号”；单击“类型”下拉列表框，从中选择字段类型“Text”；“大小”文本框用于指定 Text 类型字段的宽度“10”，该长度限制了输入这个字段的文本字符的最大长度，选择 Text 之外的数据类型时，不需要指定宽度。单击“确定”按钮，这样就定义好了表的第一个字段。

向表中加入指定的字段后，该对话框中的内容变为空白，可继续添加该表中的其余字段。当所有的字段都添加完毕后，单击该对话框的“关闭”按钮，将返回到如图 11-3 所示的“表结构”对话框。

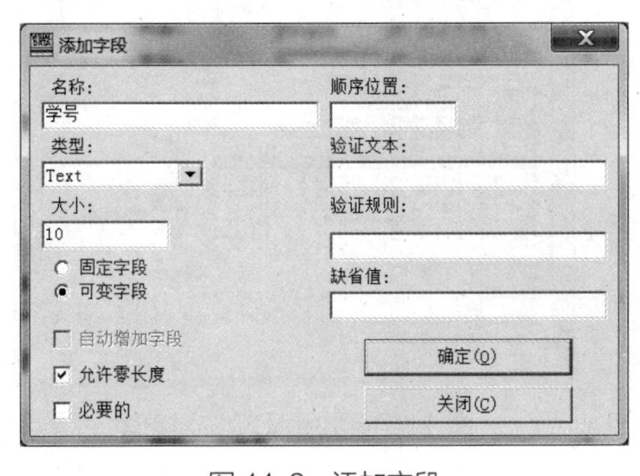

图 11-2 添加字段

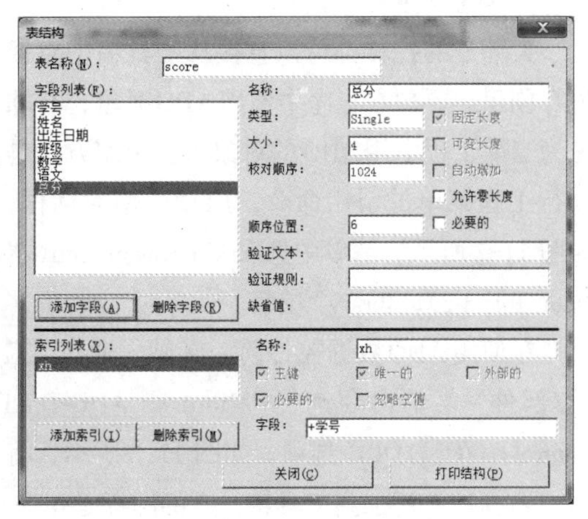

图 11-3 新建的数据表结构

（3）添加记录。创建好表结构后，接下来要输入数据，如图 11-4 所示。

学号	姓名	出生日期	班级	学院	数学	语文
2021001	王小妮	1994-9-1	计算机一班	信息学院	89	56
2021002	张小白	1995-1-1	建环一班	土木学院	97	88
2021003	赵一鸣	2000-3-5	计算机一班	信息学院	78	78
2021004	汪小明	1990-12-24	经济一班	经管学院	67	76
2021005	刘光明	1991-6-5	机械一班	机械学院	56	90
2021006	李思思	1989-2-12	机械一班	机械学院	56	67
2021007	蔡琴	1996-11-11	土木一班	土木学院	78	56
2021008	黄明明	1992-12-12	计算机一班	信息学院	67	89

图 11-4　学生信息表

在数据库窗口中，双击或右击需要操作的数据表，在快捷菜单中选择“打开”命令，即可打开数据表记录处理窗口，在这里可以看到，表中没有记录。

单击“添加”按钮，打开记录添加窗口，界面如图 11-5 所示，在该窗口中根据字段类型输入一个记录的值，单击“更新”按钮，返回数据表记录处理窗口，依次输入表中所有记录。在这里可以看到共输入了 8 条记录，当前看到的是第一条记录，可以通过滚动条的三角处或滑块查看各条记录，界面如图 11-6 所示。

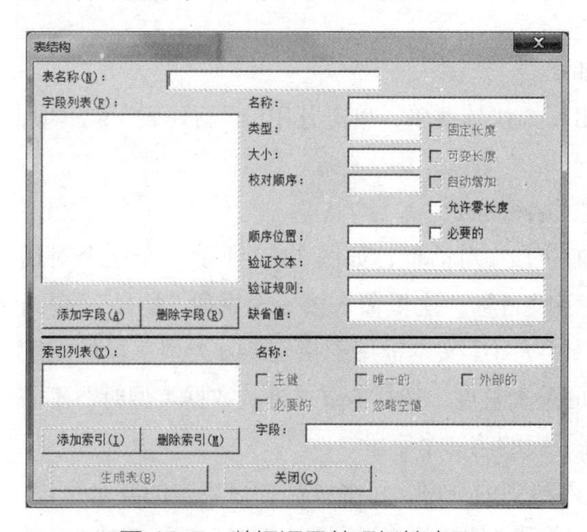

图 11-5　数据记录处理初始窗口

图 11-6　数据记录添加窗口

3. 设计界面

大部分的控件都可以直接从工具箱中直接进行创建。要想在程序中使用ADO对象，必须先为当前工程引用ADO的对象库。引用方法是执行工程菜单的引用命令，启动引用对话框，如图 11-7 所示，清单中选取“Microsoft ActiveX Data Object 2.0 Library”项目。

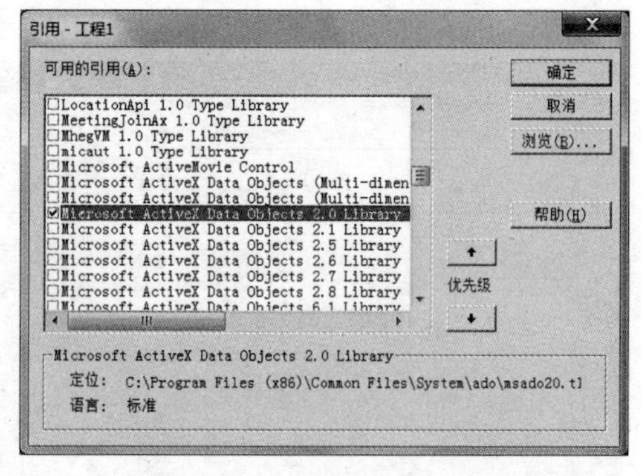

图 11-7　引用ADO的对象库

在使用ADO数据控件前，必须先通过“工程/部件”菜单命令选择“Microsoft ADO Data Control 6.0(OLE DB)”选项，如图 11-8 所示，将ADO数据控件添加到工具箱，它的图标是 。

ADO控件没有DatabaseName属性，它使用Connectionstring属性与数据库建立连接。该属性包含了用于与数据源建立连接的相关信息。

RecordSource确定具体可访问的数据，这些数据构成记录集对象Recordset。该属性值可以是数据库中的单个表名，一个存储查询，也可以是使用SQL查询语言的一个查询字符串。

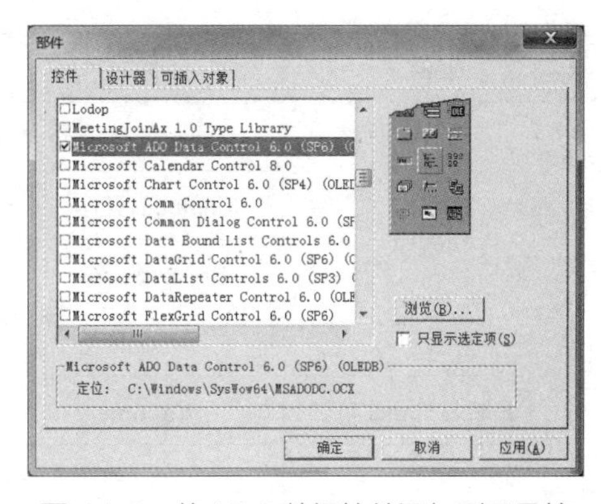

图 11-8 将ADO数据控件添加到工具箱

可以使用绑定控件显示数据，在ADO中使用普通绑定控件，如文本框、组合框、图片框等，显示数据的方法与Data控件完全相同。这里通过文本框显示表中的内容，要将datasource属性设置为相应的控件名，Datafield属性设置为相应的字段即可。

Datagrid控件是一个类似天表格的控件，可以通过行和列显示recordset对象的记录和字段，用于编辑和浏览完整的数据库表和查询。

DataGrid 控件不是VB常用控件，正常新建的VB工程的工具箱中并不具有该控件，要使用该控件可进行如下操作，选择“工程”菜单中的“部件”菜单项，在出现的对话框中选中“Microsoft Dategrid Control6.0(SP6)(OLE DB)”，单击“确定”按钮。

根据题意，设计程序界面如图 11-9 所示。

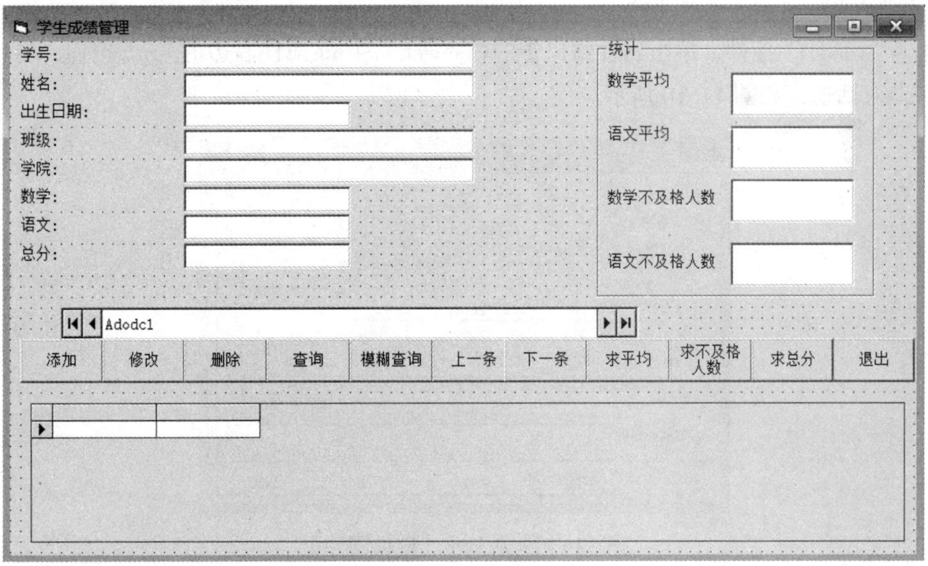

图 11-9 程序界面

根据要求，各对象属性见表 11-2 所列。

表 11-2　设置属性

控件	属性名	属性值
Adodc1	ConnectionString	stuscore.mdb
	CommandType	2-adCmdTable
	RecordSource	Score
	Visible	true
Label1-label7	Caption	学号，姓名，出生年月，班级，数学，语文，总分
Text1-text7	text	“”
	DataSource	Adodc1
	Datafield	学号，姓名，出生年月，班级，数学，语文，总分
DataGrid1	DataSource	Adodc1
command1-command10	Caption	添加、修改、删除、查询、模糊查询、上一条、下一条、求平均分，求不及格的人数、求总分、退出
Frame1	Caption	统计
Label8-label1	Caption	数学平均，语文平均，数学不及格人数，语文不及格人数
Text1-text7	text	“”

选择“Adodc1”控件，单击属性窗口中的ConnectionString属性右边的“…”按钮，屏幕弹出“属性页”对话框，如图11-10所示。

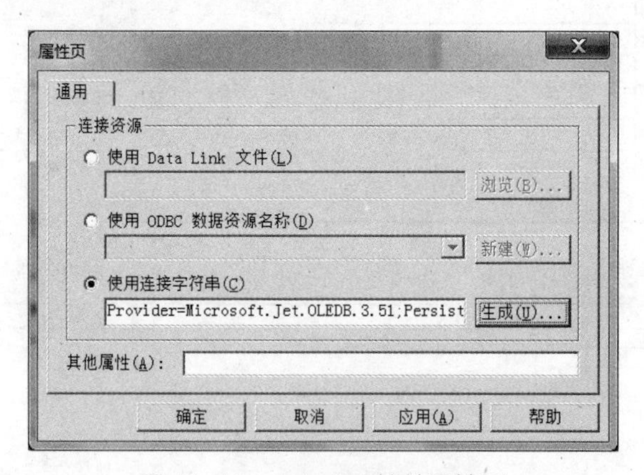

图 11-10　Adodc1 控件属性页

“Adodc1”控件页面中有以下几个选项：

（1）“使用Data Link文件”：表示通过一个连接文件来完成。

（2）“使用ODBC数据资源名称”：可以通过下拉菜单选择某个创建好的数据源名称（DSN）作为数据来源。

（3）“使用连接字符串”只需要单击“生成”按钮，通过选项设置自动产生连接字符串的内容。

这里采用“使用连接字符串”方式连接数据源。单击“生成”按钮，打开数据连接属性窗体，如图 11-11 所示。在“提供程序”选项卡内，选择一个合适的OLE DB数据源，由于用Stuscore.mdb 是 Access数据库，故选择Microsoft Jet 3.51 OLE DB Provider。然后单击“下一步”按钮，屏幕显示“连接”选项卡，如图 11-12 所示。在“选择或输入数据库名称”框下，选择或输入数据库文件名，这里选择Stuscore.mdb。为保证连接有效，可单击右下方的“测试连接”按钮，如果测试成功，则单击“确定”按钮，则关闭“连接”属性页对话框。

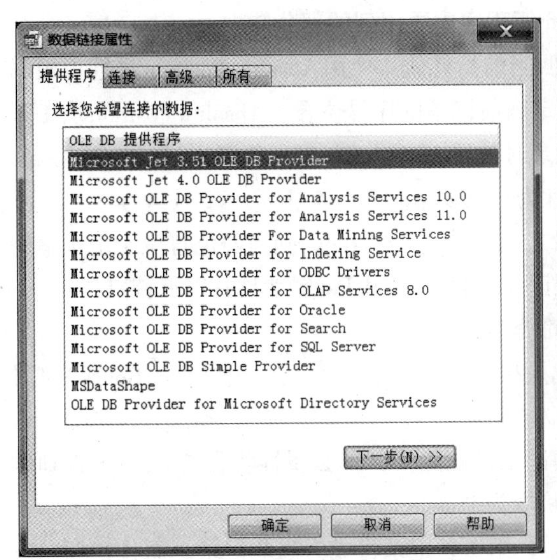

图 11-11　数据链接属性窗体

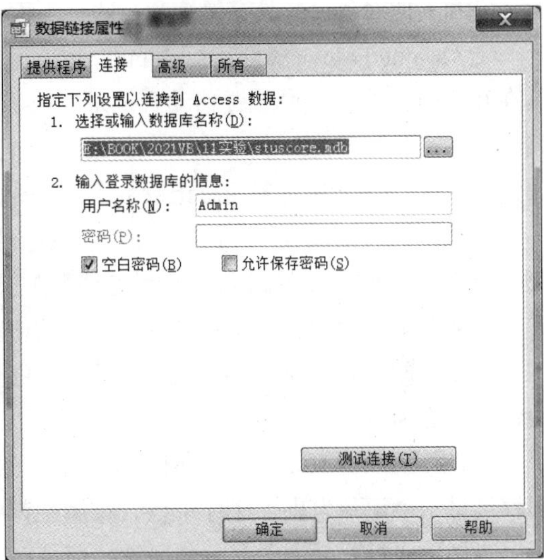

图 11-12　数据连接选项卡

单击属性窗口的RecordSource属性右边的“…”按钮，屏幕弹出“属性页”对话框，如图 11-13 所示。在“命令类型”下拉列表中，选择“2-adCmdTable”选项，在“表或存储过程名称”下拉列表中，选择Stuscore.mdb数据库中的“score”，单击“确定”按钮，关闭“记录源”属性页。此时，已完成了ADO数据控件的连接工作。

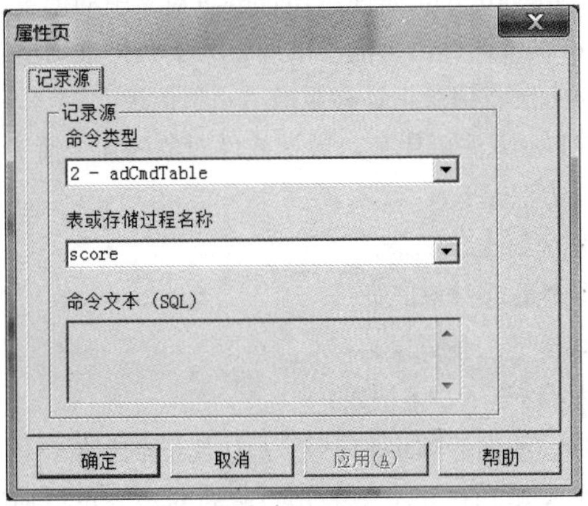

图 11-13　属性页对话框

其他控件的建立和属性的设置在此不一一介绍了。

4. 程序设计分析

（1）记录集对象（Recordset）。VB的数据库中的表是不允许直接访问的，只能通过记录集对象（Recordset）对其进行浏览和操作。记录集对象表示一个和多个数据库表中字段对象的集合，是来自表或执行一次查询所得结果的记录的集合。一个记录集是由行和列构成的，与数据库中的表类似，但是它可以包含多个表中的数据。

由RecordSource属性确定的具体可访问的数据构成的记录集Recordset也是一个对象。因此，它和其他对象一样具有属性和方法。下面介绍程序中要用到的部分知识。

①AbsolutePostion属性。AbsolutePostion返回当前指针值，使用AbsolutePosition属性可根据其在Recordset中的序号位置移动到记录，或确定当前记录的序号位置。AbsolutePosition从1开始，并在当前记录是Recordset对象的第一个记录时设置AbsolutePosition等于1（从RecordCount属性可获得Recordset对象的总记录数）。该属性为只读属性。

②Bof和Eof的属性。Bof判定是否在首记录之前，若Bof为True，则当前位置位于记录集的第1条记录之前。与此类似，Eof判定是否在末记录之后。Bof和Eof属性具有以下特点：

如果记录集中没有记录，则Bof和Eof的值都是True。

当Bof或Eof的值成为True之后，只有将记录指针移动到实际存在的记录上，Bof或Eof属性值才会变为False。

若Bof或Eof为False，而且记录集中唯一的记录被删除掉，那么属性将保持False，直到试图移到另一个记录为止，这时Bof和Eof属性都将变为True。

当创建或打开至少含有一个记录的记录集时，第1条记录将成为当前记录，而且Bof和Eof属性均为False。

③Bookmark属性。Bookmark属性的值采用字符串类型，用于设置或返回当前指针的标签。在程序中可以使用Bookmark属性重定位记录集的指针，但不能使用AbsolutePostion属性。

④Nomarch属性。在记录集中查找时，如果找到相匹配的记录，则Recordset的NoMarch属性为False，否则为True。该属性常与Bookmark属性一起使用。

⑤RecordCount属性。RecordCount属性对Recordset对象中的记录计数，该属性为只读属性。在多用户环境下，RecordCount属性值可能不准确，为了获得准确值，在读取RecordCount属性值之前，可使用MoveLast方法将记录指针移至最后一条记录上。

⑥Move方法。使用Move方法可代替对数据控件对象的4个箭头的操作，可以浏览整个记录集中的记录。5种Move方法是：

- MoveFirst方法：移至第1条记录；
- MoveLast方法：移至最后一条记录；
- MoveNext方法：移至下一条记录；
- MovePrevious方法：移至上一条记录；
- Move[n]方法：向前或向后移*n*条记录，*n*为指定的数值。

对于表类型、动态集类型和快照类型的Recordset对象，可以使用上述所有的方法。对于仅向前类型的记录集，只能使用MoveNext和Move方法。若要对仅向前类型的记录集使用Move方法，那么指定移动行数的参数必须为正整数。

（2）SQL命令。SQL的功能实际上包括查询、操作、定义和控制四个方面，见表11-3所列。

其中最常用的是查询功能，其次为数据定义功能。

表 11-3　SQL基本命令动词

SQL功能	命令动词
数据查询	SELECT
数据定义	CREATE，DROP
数据操作	INSERT，UPDATE，DELETE
数据控制	GRANT，REVOKE

SQL语言的核心是查询语句，它的基本格式为：

```
SELECT <列名>
FROM<基本表名或视图名>
[WHERE <条件表达式>=
[GROUP BY  <列名1>     [HAVING内部函数表达式]
[ORDER BY   <列名2>    [ASC或DESC 31
SQL在VB中的应用
```

无论是数据控件还是数据对象，都可使用SELECT语句查询数据。

例如：用SQL语句显示数据库Biblio.mdb中出版日期为1996年全部记录。

```
Data1.RecordSource = "SELECT *  FROM Titles  WHERE [Year
Published] =1996"
```

用Data1.Refresh方法激活这些变化。

SELECT语句可以看作记录集的定义语句，它从一个或多个表中获取指定字段，生成一个较小的记录集。下面通过一组对前面建立的学生成绩数据库的查询操作学习SELECT语句的基本用法。

选取表中部分列。例如查询学生成绩表中的语文和数学成绩：

```
SELECT 语文，数学 FROM score
```

选取表中所有列。例如查询学生成绩表中的所有信息：

```
SELECT * FROM score
```

WHERE子句。例如查询数学成绩不及格的学生信息：

```
SELECT * FROM score WHERE 数学<60
```

复合条件。例如查询数学和语文成绩均不及格的学生信息：

```
SELECT * FROM score WHERE 数学<60 AND 语文<60
```

ORDER BY子句。例如查询学生成绩表中的所有数学成绩及格的学生信息，并将查询结果按数学成绩降序排列（ASC表示升序，DESC表示降序）：

```
SELECT * FROM score WHERE 数学>=60 ORDER BY 数学 DESC
```

统计信息。例如查询数学成绩不及格的人数、数学平均分、最高分：

```
SELECT COUNT(*)AS 人数 FROM score WHERE 数学<60
SELECT AVG(数学)AS 平均分, MAX(数学)AS 最高分 FROM score
```

GROUP BY子句。例如查询男生与女生的数学平均分：

```
SELECT 性别, AVG(数学)AS 平均分FROM score GROUP BY 性别
```

HAVING子句。例如查询数学成绩不及格的人数大于10人的班级和相应人数：

```
SELECT 班级, COUNT(*)AS 人数 FROM score WHERE 数学<60 GROUP BY 班
级 HAVING COUNT(*)>10
```

数据控件的RecordSource属性除可以设置成表名外，还可以设置为一条SQL语句，格式如下：数据控件名.RecordSource="SQL语句"。

要强调的是Adodc1的CommandType属性要设置成adCmdText。

5. 编写代码

```
'ADO控件记录移动事件代码
Private Sub Adodc1_MoveComplete(ByVal adReason As ADODB.
EventReasonEnum, ByVal pError As ADODB.Error, adStatus As ADODB.
EventStatusEnum, ByVal pRecordset As ADODB.Recordset)
Adodc1.Caption = "当前记录号是：" & Adodc1.Recordset.
AbsolutePosition
End Sub

'增加记录按钮单击事件
Private Sub Command1_Click()
If Command1.Caption = "添加" Then
    Command1.Caption = "确定"
    Command2.Caption = "取消"
    Adodc1.Recordset.AddNew
    Text1.SetFocus
Else
    Command1.Caption = "添加"
    Command2.Caption = "修改"
    Adodc1.Recordset.Update
    Adodc1.Recordset.MoveLast
End If
End Sub

'修改记录按钮事件代码
Private Sub Command2_Click()
If Command2.Caption = "修改" Then
```

```
    Command1.Caption = "确定"
    Command2.Caption = "取消"
Else
    Adodc1.Recordset.CancelUpdate
    Command1.Caption = "添加"
    Command2.Caption = "修改"
End If
End Sub

'删除记录按钮事件代码
Private Sub Command3_Click()
msg = MsgBox("是否确定删除选定的记录", vbYesNo + vbCritical, "提示")
If msg = 6 Then
    Adodc1.Recordset.Delete
    Adodc1.Recordset.MoveNext
    If Adodc1.Recordset.EOF = True Then
        Adodc1.Recordset.MoveLast
    End If
End If
End Sub

'查询按钮事件单击
Private Sub Command4_Click()
Dim msg As String
Adodc1.CommandType = adCmdText
msg = InputBox("请输入要查询的学号:", "提示信息")
Adodc1.RecordSource = "select * from score where 学号='" & msg &
"'"
Adodc1.Refresh
If Adodc1.Recordset.RecordCount = 0 Then
   Adodc1.RecordSource = "select * from score"
   Adodc1.Refresh
   MsgBox "没有符合条件的记录", vbOKOnly + vbInformation, "提示"
End If
End Sub

'模糊查询按钮(按姓名)
Private Sub Command5_Click()
Dim msg As String
msg = InputBox("请输入要查询的姓名:", "提示信息")
Adodc1.CommandType = adCmdText
Adodc1.RecordSource = "select * from score where 姓名 like '%" &
msg & "%'"
Adodc1.Refresh
```

```
If Adodc1.Recordset.RecordCount = 0 Then
    Adodc1.RecordSource = "select * from score"
    Adodc1.Refresh
    MsgBox "没有符合条件的记录", vbOKOnly + vbInformation, "提示"
End If
End Sub
'移动到上一条记录按钮单击
Private Sub Command6_Click()
If Not Adodc1.Recordset.EOF Then
    Command7.Enabled = True
End If
Adodc1.Recordset.MovePrevious
If Adodc1.Recordset.BOF Then
   Adodc1.Recordset.MoveFirst
   Command6.Enabled = False
End If
End Sub

'移动到下一条按钮
Private Sub Command7_Click()
If Not Adodc1.Recordset.BOF Then
  Command6.Enabled = True
End If
 Adodc1.Recordset.MoveNext
If Adodc1.Recordset.EOF Then
   Adodc1.Recordset.MoveLast
   Command7.Enabled = False
End If
End Sub

'统计各科平均分按钮
Private Sub Command8_Click()
Adodc1.Recordset.MoveLast
Record = Adodc1.Recordset.RecordCount
Adodc1.Recordset.MoveFirst
For i = 1 To Record
    yuwen = yuwen + Adodc1.Recordset.Fields(6)
    shuxue = shuxue + Adodc1.Recordset.Fields(5)
    Adodc1.Recordset.MoveNext
Next i
yuwen = yuwen / Adodc1.Recordset.RecordCount
shuxue = shuxue / Adodc1.Recordset.RecordCount
Text1.Text = Str(shuxue)
Text2.Text = Str(yuwen)
```

```
Adodc1.RecordSource = "score"
Adodc1.Refresh
End Sub

'统计不及格人数按钮单击事件
Private Sub Command9_Click()
Adodc1.Recordset.MoveLast
Record = Adodc1.Recordset.RecordCount
Adodc1.Recordset.MoveFirst
For i = 1 To Adodc1.Recordset.RecordCount
    If Adodc1.Recordset.Fields(5) < 60 Then
        shuxue = shuxue + 1
    End If
    If Adodc1.Recordset.Fields(6) < 60 Then
        yuwen = yuwen + 1
    End If
    Adodc1.Recordset.MoveNext
Next i
Text3.Text = Str(shuxue)
Text4.Text = Str(yuwen)
Adodc1.RecordSource = "score"
Adodc1.Refresh
End Sub

'计算总分单击事件
Private Sub command10_click()
    txtFields(7).Text = Str(Val(txtFields(5).Text) +
Val(txtFields(6).Text))
End Sub

'退出按钮
Private Sub command11_Click()
 Unload Me
End Sub
```

6. 运行程序

程序运行界面如图 11-14 所示。

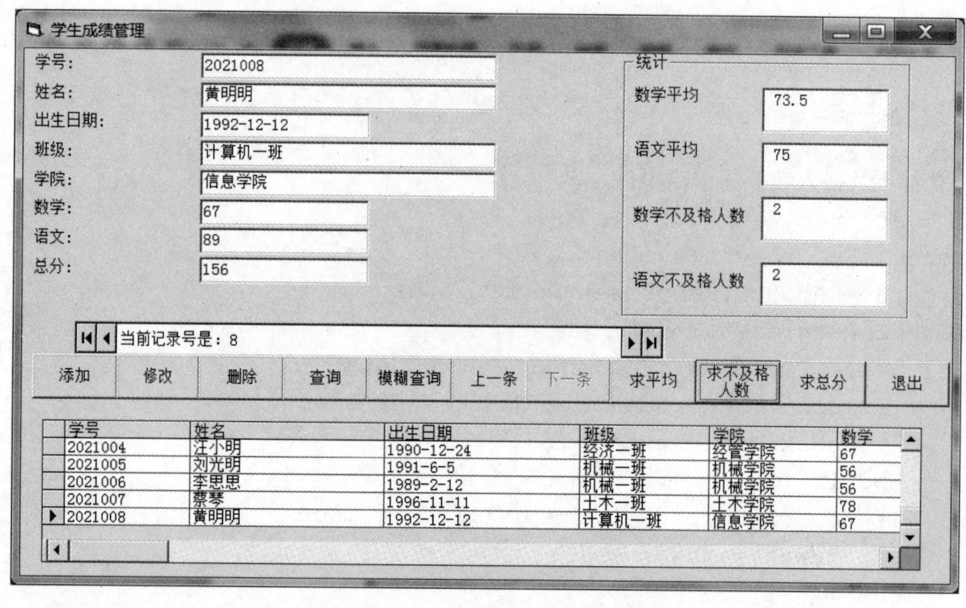

图 11-14　程序运行界面

四、上机实验

设计一个工资管理系统，要求如下：

（1）存储每个职工当月的工资信息，包括部门、编号、姓名、基本工资、岗位津贴、职务补贴、奖金、房租、水电费、实发工资等数据。

（2）具备增加、删除、修改、查询、浏览及退出系统等功能。

（3）数据库名为salary.mdb，表名为gongzi。

11.2 习题

选择题

1. 在数据库中，常用的数据模型有以下几种（　　）。

A. 层次、网状、关系

B. 数据结构、数据操作、完整性约束

C. 外部级、概念级、内部级

D. 数据库、表、字段

2. 记录集的（　　）属性用于指示Recordset对象中记录的总数。

A. RecordCount　　B. Bof　　C. Eof　　D. Count

3. 下列（　　）中不是Vb支持三种类型的记录集对象Recordset之一。

A. 表类型　　B. 动态及类型　　C. 快照类型　　D. 记录类型

4. 当BOF属性为True是，表示(　　)。

A. 当前记录位置位于Recordset对象的第一条记录

B. 当前记录位置位于Recordset对象的第一条记录之前

C. 当前记录位置位于Recordset对象的最后一条记录

D. 当前记录位置位于Recordset对象的最后一条记录之后

5. 在下列关于关系的陈述中，错误的是(　　)。

A. 表中任意两行的值不能相同　　B. 表中任意两列的值不能相同

C. 行在表中的顺序无关紧要　　D. 列在表中的顺序无关紧要

6. 在新增记录调用Update方法写入记录后，记录指针位于(　　)。

A. 记录集的最后一条　　B. 记录集的第一条

C. 新增记录上　　D. 增加新纪录前的记录上

7. Microsoft Access数据库文件的扩展名是(　　)。

A. .dbf　　B. exi　　C. mdb　　D. db

8. 以下关于索引的说法错误的是(　　)。

A. 一个表可以建立一个或多个索引　　B. 每个表至少要建立一个索引

C. 索引字段可以是多个字段的组合　　D. 利用索引可以加快查找速度

9. 数据库系统是指引入数据库技术后的计算机系统。数据库系统实际上是一个集合体，不包括(　　)部分。

A. 数据库(DB)

B. 数据库管理系统(DBMS)

C. 数据定义语言(data definition language，DDL)

D. 数据库管理员

10. 以下说法错误的是(　　)。

A. 一个表可以构成一个数据库

B. 多个表可以构成一个数据库

C. 同一条记录中的各数据项具有相同的类型

D. 同一个字段的数据具有相同的类型

11. VB数据库编程提供了两种与Jet数据库引擎接口的方法，它们是(　　)。

A. Data控件和DAO控件　　B. Command控件和Text控件

C. Data控件和Text控件　　D. DAO控件和Text控件

12. 在VB数据库应用程序的组成中，(　　)被包含在一组动态链接库文件中，它负责读取、写入和修改数据库，并处理所有内部事务。

A. 用户界面和应用程序代码　　B. Jet引擎

C. 数据库　　D. 服务器

13. 当以(　　)方式打开数据库中的数据时，所进行的增、删、改、查等操作都是直接更新数据库中的数据。

A. 表类型、动态集类型或快照类型　　B. 动态集类型

C. 快照类型　　D. 表类型

14. VB通过DAO和Jet引擎可以识别3类数据库，其中之一是(　　)，包括符合ODBC标准的客户机/服务器数据库，如Mi crosoft SQL Server。

A. Access　　B. ODBC数据库　　C. 外部数据库　　D. VB数据库

15. 使用(　　)方式记录集是先将指定的数据打开并读入内存中，当用户进行数据编辑操作时，不直接影响数据库中的数据。使用这种方式可以加快运行速度。

A. 表类型、动态集类型或快照类型　　B. 动态集类型

C. 快照类型　　D. 表类型

16. 在下列显示的字符串中,字符串(　　)不包含在ADO数据控件的ConnectionString属性中。

A. Microsoft Jet 3. 51 OLE DB Provider　　B. Data Source=C: \Mydb. mdb

C. Persist Security Info=False　　D. 2- -adCmdTable

17. 数据控件的(　　)指定数据控件所要连接的数据库类型，Visual Basic默认的数据库是Access的MDB文件，此外，也可连接DBF、FoxPro 等类型的数据库。

A. DatabaseName属性　　B. RecordType属性

C. RecordSource属性　　D. Connect属性

18. 数据控件的(　　)指定具体使用的数据库文件名，包括所有的路径名。

A. DatabaseName属性　　B. RecordType属性

C. RecordSource属性　　D. Connect属性

19. 数据控件的(　　)确定具体可访问的数据，这些数据构成记录集对象Recordset。该属性值可以是数据库中的单个表名、一个存储查询或是使用SQL查询语言的一个查询字符串。

A. DatabaseName属性　　B. RecordType属性

C. RecordSource属性　　D. Connect属性

20. 要利用数据控件返回数据库中的记录集，则需设置(　　)属性。

A. Connecte　　B. Connect　　C. RecordSource　　D. RecordType

21. 数据控件本身不能直接显示记录集中的数据，必须通过能与它绑定的控件来实现。要使绑定控件能被数据库约束，必须在设计或运行时对这些控件的两个属性进行设置，这两个属性是(　　)。

A. DataSource属性、DataField 属性

B. RecordType属性、DatabaseName 属性

C. RecordSource属性、DatabaseName 属性

D. Connect属性、DataField 属性

22. 数据控件本身不能直接显示记录集中的数据，必须通过能与它绑定的控件来实现。如果要使用数据网格控件MsFlexGrid和数据控件绑定，则需要设置(　　)。

A. DataSource属性、DataField 属性

B. RecordType属性、DatabaseName 属性

C. Datasource属性

D. Connect属性、Datasource 属性

23. 使用数据控件data1和文本框text1结合起来显示数据库stu. mdb中学生信息表中“姓

名”字段信息，则text1 的datasource属性值应设为(　　)。

A. stu. Mdb　　B. 学生信息表　　C. 姓名　　D. data1

24. 在记录集的属性中，(　　)用来判定记录指针是否在首记录之前。

A. Eof属性　　B. Nomatch属性

C. Bof属性　　D. AbsolutePosition属性

25. 设置ADO控件属性时，ConnectionString属性页允许通过三种不同的方式连接数据源，其中(　　)表示选择某个创建好的数据源名称，作为数据来源对远程数据库进行控制。

A. 使用连接字符串　　B. 使用Data Link 文件

C. 使用 ODBC数据资源名称　　D. 任意方式

26. 关于数据控件data的recordsource属性说法，有误的是(　　)。

A. RecordSource确定具体可访问的数据，这些数据构成记录集对象Recordset

B. 该属性值可以是数据库中的单个表名

C. 该属性值不能设为存储查询

D. 该属性值可以是SQL查询语言的一个查询字符串

27. 如果要使用data控件访问学生信息数据库中的学生信息表，数据库文件路径为d: \db\stu. mdb，则以下对data控件属性设置正确的是(　　)。

A. DatabaseName="stu. mdb” RecordSource=”学生信息表”

B. DatabaseName=” d: \db\stu. mdb"　RecordSource="select * from 学生信息表”

C. DatabaseName= App. path &” stu. Mdb　RecordSource=”学生信息表”

D. DatabaseName=”学生信息库” RecordSource=”学生信息表”

28. ADO对象模型定义了一个可编程的分层对象集合，主要由三个对象成员及几个集合对象组成，这三个对象成员中(　　)用于连接数据源。

A. Parameter 对象　　B. Command 对象

B. Recordset 对象　　D. Connection对象

29. ADO控件属性窗口中的ConnectionString属性右边的“...”按钮，弹出“属性页”对话框。在该对话框中允许通过三种不同的方式连接数据源，其中(　　)表示通过一个连接文件来完成。

A. 使用连接字符串　　B. 使用Data Link 文件

C. 使用 ODBC数据资源名称　　D. 任意方式

30. 数据绑定列表框DBList和下拉式列表框DBCombo控件中的列表数据通过属性(　　)从数据库中获得。

A. DataSource 和DataField　　B. RowSource和ListField

C. BoundColumn和BoundText　　D. DataSource和ListField

参 考 文 献

［1］ 杨国林.Visual Basic程序设计教程习题解答与实验指导［M］.北京：电子工业出版社，2018.

［2］ 倪红梅，李瑞芳，刘金月.Visual Basic程序设计实验指导与习题集［M］.北京：中国石化出版社有限公司，2018.

［3］ 马丽艳，杨丽.Visual Basic项目实验实训［M］.北京：科学出版社，2017.

［4］ 王杰华，郑国平.Visual Basic程序设计实验教程［M］.北京：高等教育出版社，2016.

［5］ 龚沛曾.Visual Basic程序设计实验指导与测试［M］.北京：高等教育出版社，2020.